愛知大学綜合郷土研究所ブックレット
30

近世の矢作橋
日本一長い橋

江登志実

●目　次●

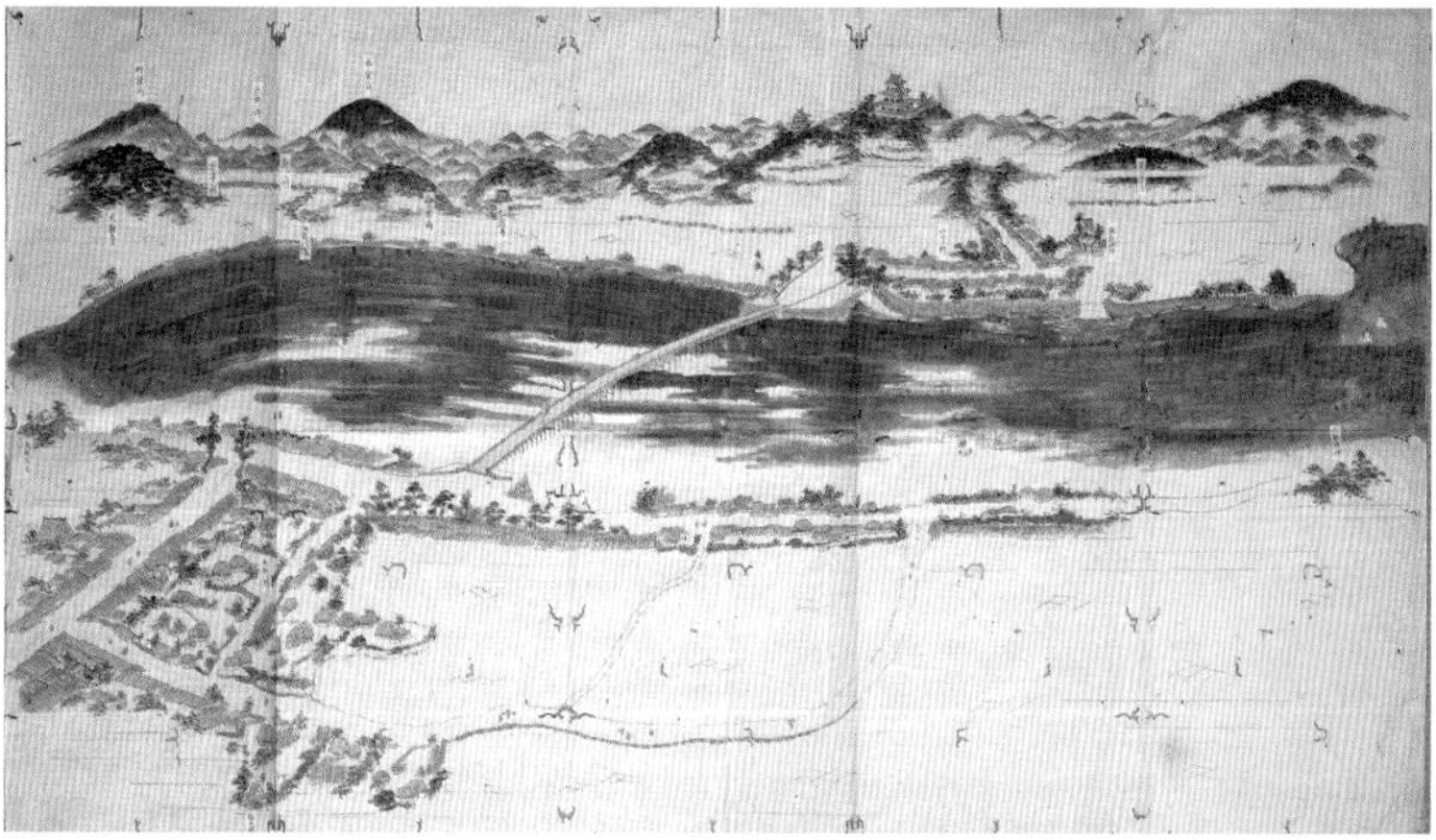

〈口絵１〉矢作橋図（東京都立大学図書館蔵）

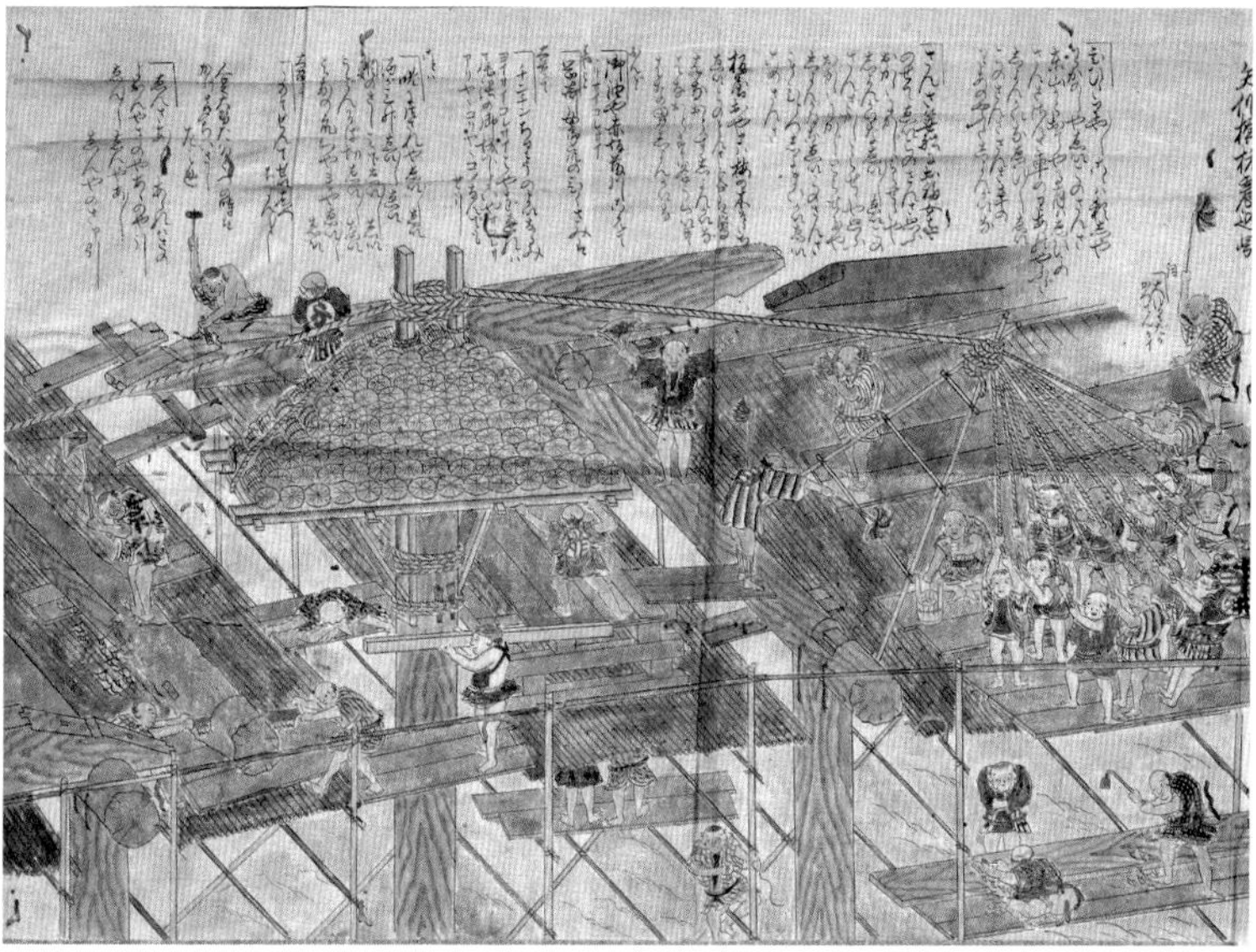

〈口絵２〉矢作橋杭震込図（東京都立大学図書館蔵）

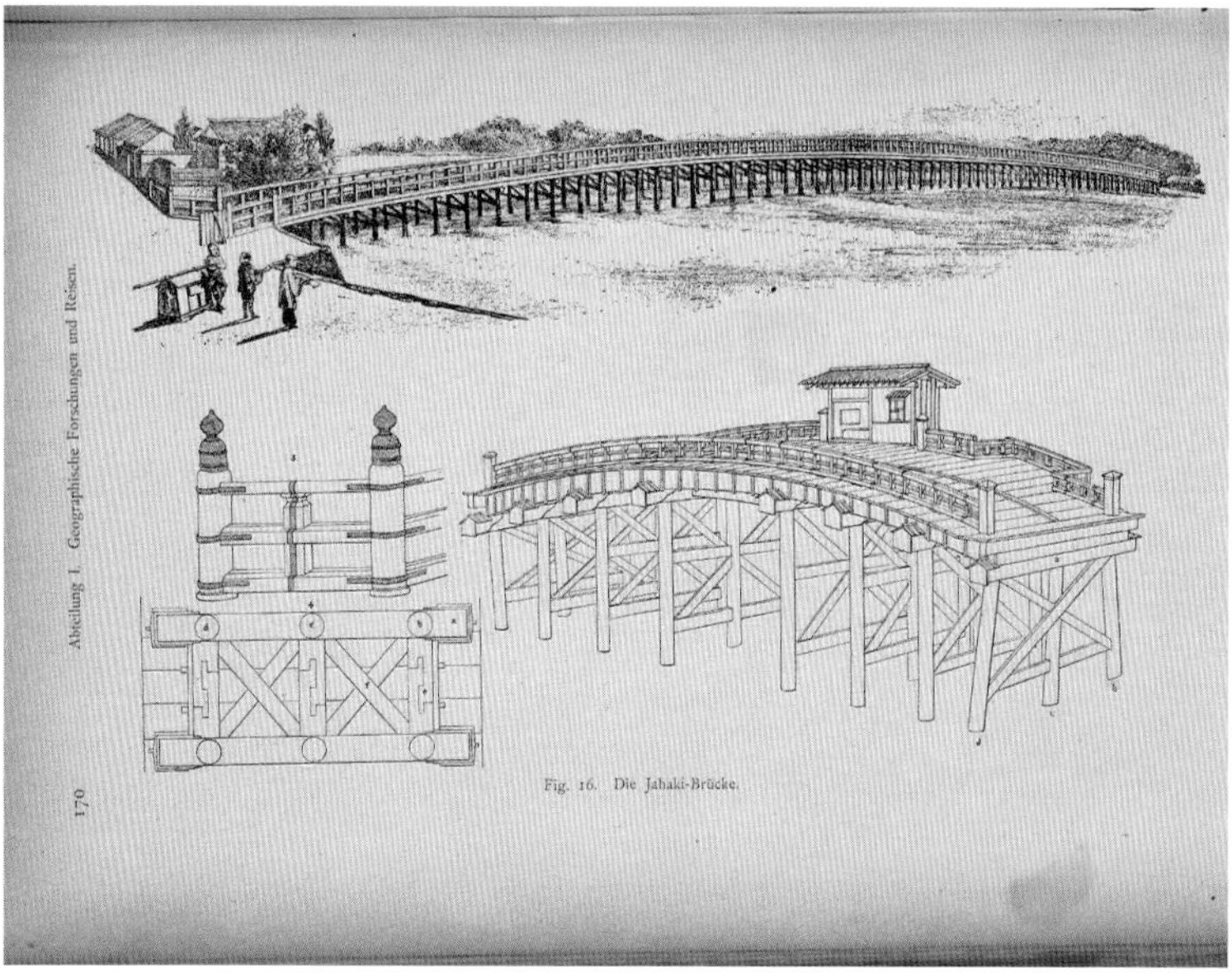

〈口絵３〉シーボルト著『日本』挿図の矢作橋図

〈口絵４〉シーボルトが作らせた矢作橋の模型

（オランダ・ライデン国立民族学博物館蔵）

（岡崎市美術博物館特別企画展「矢作川―川と人の歴史」図録より転載）

はじめに

古代・中世の時代から矢作（岡崎市矢作町）の地は東西交通の要所であった。それは東海道が矢作川を渡る地点であったからである。近世になるとこの矢作の地に日本一長い橋が幕府によって架けられるようになる。

矢作橋は旅案内の「道中記」や紀行文、東海道の様子を描いた屏風や絵巻にも描かれ、東海道一の橋として旅人の注目するところとなる。近世後期には岡崎宿を象徴するものとして浮世絵にも描かれるようになる。

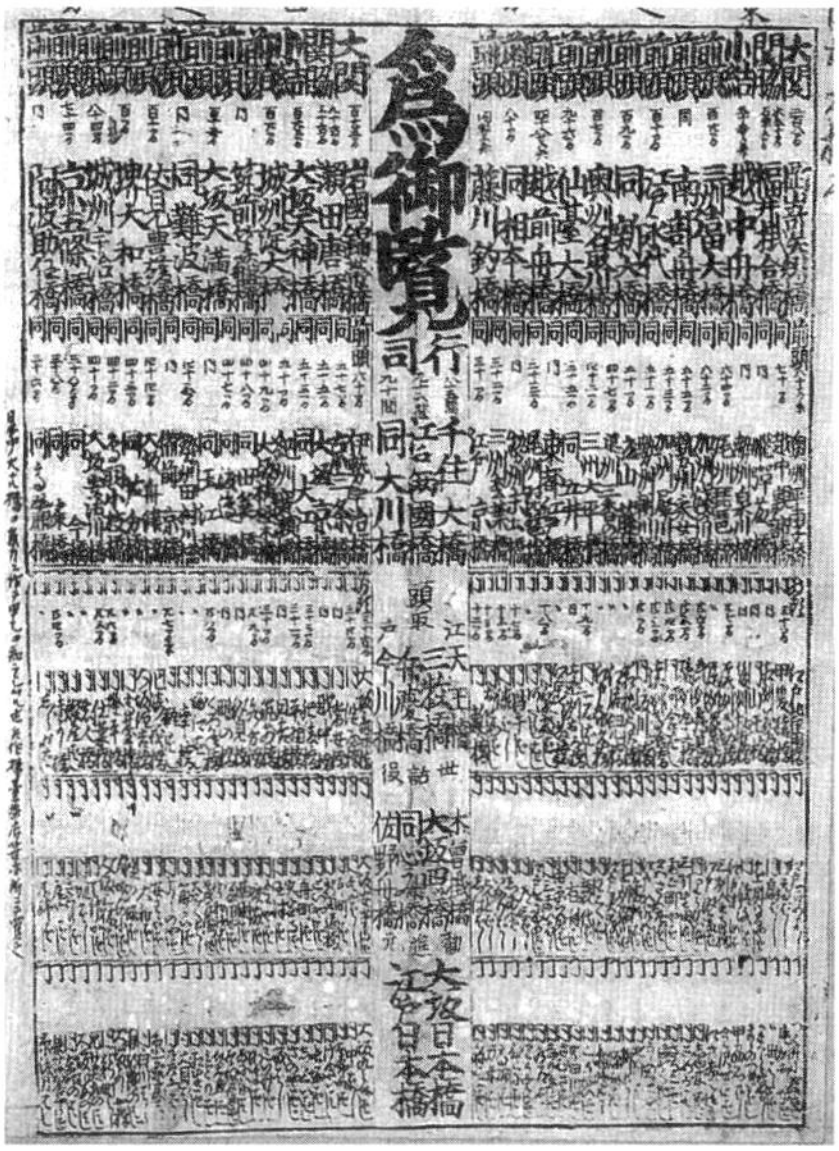
【写真1】日本大橋尽

矢作橋の長さ日本一を表すものに橋の番付表がある（写真1）。これによると、東の大関は矢作橋二〇八間、西は岩国錦帯橋一二五間である。二〇八間というのは、番付表のなかでは最長になる。この二〇八間は板橋としての最初の矢作橋の長さで、十七世紀後期の掛替で一五六間になる。この一五六間が以後矢作橋の標準の長さになるが、それでも日本一の長さであることに変わりはない。

矢作橋は幕府が直轄工事を行う公儀普請の橋である。東海道という幕府の全国支配に重要な基幹道路に架かる橋だからである。幕府役人が現地に赴いて工事を指揮する。近世に「矢作御橋」「御橋」と岡崎地域の人々に呼ばれるのもこの公儀普請の故である。

東海道には矢作川のように川幅の広い河川には大井川や天龍川があるが、これらの河川では渡渉や船渡しであるのに、なぜ矢作川には橋が架けられたのであろうか。湯浅常山《ゆあさじょうざん》著の『常山紀談』（巻之十八）に一つの逸話がある、矢作橋が洪水で壊れてしまったので家康が修造を命ずると、老臣らが費用の膨大なのと橋がないほうが城の防衛上都合がいいので、以後は船渡しのみにしてはどうかと進言したところ、家康は街道の旅行に不便であるからすぐに架橋するように命じたという。家康は「往来の旅人を苦しめんはわが志に非ず、又要害も其本を論ずれば、唯国民の和と不和とにあり、険を頼みて敵を防ぐは、道を知らざるなり」と云ったという。民の平和を基本とする家康の思想によるものである。近世を通じて架橋・修復工事が幕府によって維持されることには家康の意思が反映されているのかもしれない。

本書では、幕府によって進められる工事過程に焦点をあてながら近世の矢作橋の歴史を辿る。そこには広域の流通・物流とともに、幕府、藩、領民のほか、様々な地域と階層の人々が関与している。その歴史理解は一地域のみならず、広く近世社会の理解に通ずるものと考える。

一　矢作橋の始まり

◉――土橋の架設

慶長五年（一六〇〇）の関ヶ原合戦で勝利した家康は翌六年、東海道の宿駅制度を敷く。伝馬朱印状により岡崎と池鯉鮒町に宿駅が設定される。二つの宿駅を結ぶ東海道の渡河点が矢作の地である。古代・中世の東海道ルートについては明確でなく、矢作川の渡河点は少し下流の渡《わたり》という地点も想定されているが、近世の東海道が整備されるなかで現在の矢作での渡河が固定するのであろう。「矢作御橋記録」が記す矢作橋濫觴の事によると、渡の地点には橋があったが、川の流路の関係で渡河点が替わり矢作の地に橋が掛けられるようになったという。「竜城中岡崎中分間記」によると、慶長五年から六年までに矢作橋掛かるといい、また「竜城古伝記」によると、慶長七年に矢作橋が掛かったという。近世の東海道の出発時点である慶長六年段階で矢作の地に橋が掛けられていた可能性は高い。

この矢作橋は、天正十八年（一五九〇）から慶長六年まで岡崎城主であった田中吉政の時代に準備が行われたとみられる。慶長三年十月九日の田中吉政宛牧野康成書状（『参遠古文書覚書』所載「松平甚助指出古文書」）によると、矢作橋の御普請を仰せつけられたことを松平念誓から伝えられ、家康も御尤もだと申していると牧野氏が田中吉政に述べている。矢作橋架橋は慶長三年頃からすでに構想があったことになる。「御普請」とあるので、当時の政権により架橋が意図されたようである。

この矢作橋は土橋とみられており、長さは一七五間という（『岡崎市史』第八巻）。土橋というのは木組の橋の上に板などを敷いて土を載せたものである。慶長十二年の朝鮮通信使は、『慶七松海槎録』に「到岡崎城、城西有大川土橋、長可三百餘歩」とあるように土橋の矢作橋を渡っている。

この橋は慶長十二年八月の洪水で流失した。『当代記』によると、「矢作川橋落、所々堤切る」とある。この洪水による流失後も架橋が行われたものと思われる。慶長十九年の「濃州川並御材木改帳」(『岐阜県史』史料編近世六)は木曽川の錦織《にしこうり》(岐阜県八百津町)の留綱から洪水で流失し濃州の村々に留木されているものを木曽の山村役所の役人が報告したものであるが、そのなかに岡崎城主本多氏に届ける矢作橋材に言及した箇所がある。苗木の遠山久兵衛が出材責任者として出した木材二枚について、「矢はき橋板、長九尺、はゞ(幅)壱尺五寸、あつ(厚)三寸」、「是は戌年(慶長十五年)きそ山より出し、おかさきノ本多豊後殿へ渡シ残木」とある。矢作橋普請の板材が当時幕府直轄の木曽山で調達されていることがわかる。この時の矢作橋普請は幕府によるものとみられる。

なお、近世初期に橋材を木曽山から伐り出すことは、矢作橋と同じ公儀普請が行われる三河の吉田橋でもみられる。『源敬様御代記録』によると、元和七年(一六二一)十月のこととして「此月、三州吉田橋御修復ニ付、木曽山ニ而材木伐出候様、公儀より被仰出之」とある。吉田橋の修復のために木曽山から材木を伐り出すように幕府より尾張藩に命が出ている。木曽山は元和元年に尾張藩領に組み入れられており、幕府の命を受けて尾張藩が吉田橋普請のために材木を伐り出したのである。

◉——土橋から板橋へ　寛永十一年架橋

矢作橋が土橋から板橋に替わるのが寛永十一年（一六三四）の架橋である。「矢作御橋記録」に「寛永十一年甲戌年に御上洛の砌、新規板橋に造替」とある。寛永十一年の将軍家光上洛の折に土橋から板橋に替わったとされ、これが江戸時代最初の板橋で長さは二〇八間という。

林羅山の上京記である『丙辰紀行《へいしん》』に「江戸より京までの間に大橋四あり。武蔵の六郷、三河の吉田、矢矯、近江の勢多なり。ひとり矢矯のみ土橋なれば洪水によりて絶ゆるもあり。此頃新に板はしとなりけるにや云々」とある。同書は寛永十五年の出版なので、「此頃新に板はしとなりけるにや云々」というのは、この同十一年の板橋架橋をさすものである。

『徳川実紀』によると、将軍家光は寛永十一年七月三日の曙に吉田を発輿し、矢作の橋を通過して、岡崎城に着くとあるが、位置関係からすると矢作橋は岡崎城より西であるので、岡崎城で宿泊して、翌日四日に矢作橋を通ったものとみられる。なお、この時、岡崎城主の本多忠利は家光を饗応し、則長の刀、綿二百把を献じている。将軍家光は江戸に戻る途中の八月十日、岡崎城に入り本多忠利の饗応に報いるため五〇〇〇石の知行を加増している。

残念ながら、この二〇八間の橋は寛文十年（一六七〇）八月二十二日に焼失してしまう。「矢作御橋記録」によると、火災が起きた当日は、東風が激しく、明大寺村から出火、板屋町に飛び火し、それより矢作村にも飛び火して橋も焼失したという。水野家の「不揚録《ひようろく》」によると、寛文十年八月二十二日、岡崎松葉町失火、矢作橋焼亡、白山曲輪に及ぶ、とある。また、水野家文書の「御当家小日記」によると、同年八月二十二日、川向小役人宅より出火、それより白山曲輪に移り、板屋町・田町・松葉町まで火が移り、矢作橋焼失したとある。矢作橋の歴史のなかで火災による類焼被害というのはこれが唯一である。

なお、「矢作御橋記録」には記されないが、寛永十一年の架橋から寛文十年焼失までの間に修復が行われたことを示す記録がある。「町年寄日用記」(大礒義雄氏旧蔵)が記す「矢作御橋御普請之覚」のなかに「正(承)応二巳九月初り、明暦元未八月出来」の記述がある。承応二年(一六五三)九月から明暦元年(一六五五)八月までの二年間にわたる修復である。すでに寛永十一年の造替から約二〇年となるので大規模な修復が行われてもおかしくない。

◉――延宝二年の造替　一五六間の橋

寛文十年(一六七〇)に火災で焼失した二〇八間の矢作橋は、四年後の延宝二年(一六七四)に長さ一五六間の板橋に造り替えられる。この時に橋桁《はしげた》は七通となる。「矢作御橋記録」によると、奉行は松平市右衛門、請負人は摂州大坂・鳥羽屋又三郎、三州鷲塚村・片山八次郎とある。材木は、ひば(アスナロ)・檜を使用したとする。

工事の期間は同書によると、延宝元年八月から同二年六月迄とあるが、『岡崎市史』第八巻は、工事の終了期日を同二年十一月としている。渡り初めが十一月に行われているので、完成を十一月とするのがよかろう。また、同書には典拠が記されていないが、延宝元年八月、奉行に松平市右衛門、下奉行に小栗藤左衛門、石原九右衛門が命じられて普請に取りかかり、同二年十一月に竣工したとする。規模は長さ一五六間、桁行七通、両袖ともに幅四間、橋の上流には芥除が二本立で三六組、橋の中央には箱番所があったとする。また、木材は椹《さわら》・檜《ひのき》を使ったという。

矢作橋は二回目の造替で一五六間の長さになるが、これが近世の矢作橋の長さの標準となる。

◉——請負人

矢作橋の工事は公儀普請で幕府によって工事が行われるが、その工事に必要な材木などの資材調達を行う請負人がいる。「矢作御橋記録」によると、第一回目架設の時は大坂の奈良屋平七、二回目の時は大坂の鳥羽屋又三郎と三河鷲塚《わしづか》の片山八次郎が請負人であった。同書には安永四年(一七七五)の修復工事までの請負人を記すが、大坂、江戸、松坂、名古屋、赤坂、鷲塚、岡崎の者の名前がみられ、大坂・江戸など都市の商人で資金力のある者が工事を請け負うようである。

延宝二年(一六七四)掛替時の請負人の一人片山八次郎は鷲塚村の回船問屋であった。その子孫の片山家にはこの時の橋材調達にかんする資料が残されている。このなかに、工事終了後の延宝四年、片山八兵衛が請負金について幕府奉行人に出した願書がある。同書によると、この時の橋材の調達で当初請負人となったのは岡崎町の五郎左衛門であった。五郎左衛門は、寛文十年(一六七〇)、江戸での入札で、材木二五六九本、釘などの金物類、橋台石垣水除けの枠出しについて、金一万五〇三八両で請負い、片山八兵衛が請人となった。この八兵衛が八次郎であろう。寛文十一年正月に鷲塚村の是入なる人物が矢作橋の請負人である岡崎町五郎左衛門の請人として質物書上を奉行松平市右衛門に差し出している(『愛知県史』資料編一八No.240)。是入というのは片山八兵衛のことである。鷲塚村是入は家屋敷のほか田畑二九九石、代金にして一五〇〇両の書き入れをしている。材木調達には洪水での流失など損害のリスクが高いため、請負人には請人を立てて担保を入れることが幕府から求められたのである。

片山八兵衛の願書によると、橋材を紀州藩領の伊勢大杉山にて伐り出したところ、寛文十一年八月二十七日の洪水で流失、岩にあたり折れたり割けて破損したので、再度山に入り伐り出した

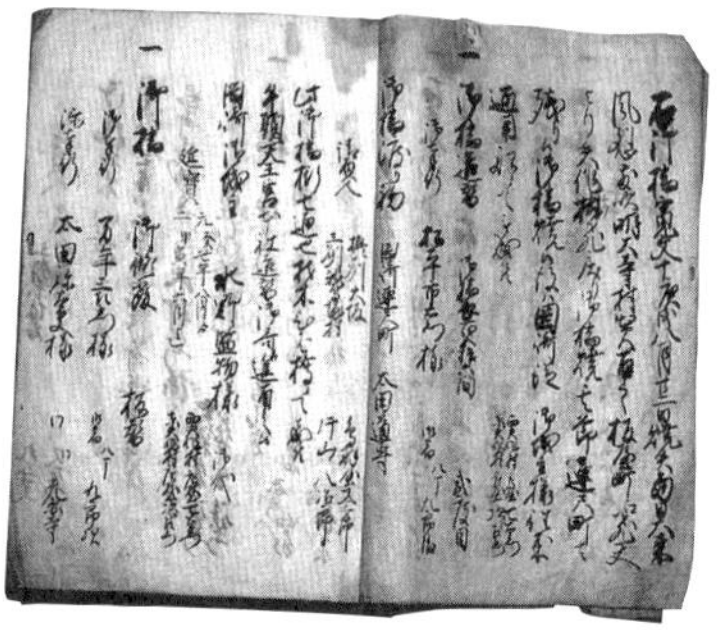

【写真2】矢作御橋記録

という。また、矢作まで運んだ木材について規定の寸法に充たないものがあったために、寛文十二年八月、請負人が江戸に呼び出され、寸法に相違した分については請負金額の減額を仰せ付けられたという。材木の吟味が厳しいので、請負の材木数を上回る五八〇〇本余を矢作まで届けている。延宝二年八月十一日には大水で再度材木が数多流失したために尾張藩の御蔵木一二〇〇本余を高値で買い付けて発注の御用木を調えたという。しかし結果は寸法不足の材木があり、請負金高のうち二九三六両余の金高を差し引かれたようである。このため願書では当初の請負金額を下付されることを願ったのである。

矢作橋の掛替工事は規模が大きく、請負人には保証人である請人がたてられる。工事の履行に責任をもつ連帯保証人である。延宝元年（一六七三）から二年の掛替工事の請負人の一人片山八次郎は、当初は請負人でなく、請負人であった岡崎町の五郎左衛門の請人であった。五郎左衛門が立ち行かなくなったために請人の片山が肩代わりしたようである。

◉――掛替と修復

今までも矢作橋に関する記録として「矢作御橋記録」を紹介してきたが、同書は近世を通じての矢作橋の掛替や修復の工事記録である。矢作町の岩月家に伝来し、本書記述の基本とした史料である。（写真2）

同書は矢作橋が土橋から板橋に初めて替わる寛永十一年（一六三四）の工事を掛替の初回、延宝二年（一六七四）の掛替を第二回として、近世を通じて掛替九回、修復など十五回の工事を紹介している（表1）。修復は橋杭交換もあるが敷板の板替えが中心の工事である。「しつらへ」というのは不明であるが欄干などの橋の外観に関わる工事であろう。嘉永五年（一八五二）の修復のあとは、安政二年（一八五五）に矢作川の出水により橋が流失して以降、明治四年仮橋まで橋が掛けられることはなかった。近世中期以降に掛替・修復工事が多くなるが、これは経年劣化とともに矢作川の洪水での破損が原因によるものである。なお、橋工事についての表記には、架け替え、架け直しも使われるが、近世文書には「掛替」「掛直」が使われるので本書でもこれを使用する。

【表1】矢作橋の掛替・修復

	区分	工事期間
1	掛替①	寛永11年（1634）
2	掛替②	延宝元（1673）～2年
3	修復	元禄7（1694）～8年
4	掛替③	正徳3（1713）～5年
5	修復	享保10年（1725）
6	修復	享保18年（1733）
7	修復	寛保元年（1741）
8	修復	寛保3年（1743）
9	掛替④	延享2（1745）～3年
10	掛替⑤	宝暦11（1761）～12年
11	修復	明和2年（1765）
12	修復	明和8年（1771）
13	修復	安永4年（1775）
14	掛替⑥	安永9（1780）～天明元年（1781）
15	しつらへ	寛政2年（1790）
16	修復	寛政4年（1792）
17	修復	寛政5年（1794）
18	掛替⑦	寛政10（1798）～11年
19	修復	文化2年（1805）
20	しつらへ	文化13年（1816）
21	掛替⑧	文化14年（1817）
22	修復	文政12年（1829）
23	掛替⑨	天保10（1839）～11年
24	修復	嘉永5年（1852）

「矢作御橋記録」をもとに作成

二　規模と構造

◉――東海道随一の橋

近世東海道の橋の全貌を知ることができる資料に天保十四年（一八四三）頃の「東海道宿村《しゅくそん》大概帳《たいがいちょう》」がある。橋は板橋・石橋・土橋に分類され、長さ・幅、橋杭の本数、普請区分（御普請・領主普請・自普請）を記している。同書には品川宿から守口宿まで、石橋五七七か所、土橋四〇二か所、板橋一四七か所、合計で一一二六か所の橋が記されている。これらのうち一〇間以上の橋を東から西へと列記した（表2）。東海道の橋の約半分以上は石橋であり、一〇間以上になると、すべてが板橋と土橋となる。一一〇〇か所を越える橋のなかで、長さが一〇間以上はわずか八二か所であり、しかも三〇間までが七三か所と約九割を占めている。長さ三〇間までの橋が多いなかにあって矢作橋の一五六間はひときわ長いことがわかる。

「東海道宿村大概帳」では橋の普請区分を、御普請、領主普請、自普請の三つに分類している。御普請というのは幕府、領主普請は支配領主、自普請は村などによりそれぞれ普請工事が行われるものをいう。一〇間以上の橋では御普請は四一か所、領主普請三〇か所（尾張藩によるものを含める）、自普請一一か所、このほか国役普請が一か所ある。御普請が多い。御普請は原則的に幕領にあるものが御普請となる。四日市から石薬師の間に位置する鹿化《かばけ》川の橋のように以前は幕領で御普請であったが、私領となったので領主普請になったと記されるように支配が関係している。しかし、矢作橋や吉田橋、勢田大橋・小橋のように私領地にありながら御普請であるものもある。

【表2】東海道長さ10間以上の橋

場所（宿）	場所（字名）	橋区分	長さ	横	橋杭	普請区分
品川一川崎	南北境橋	板橋	10間	3間	3本立5組	御普請
川崎一神奈川	鶴見橋	板橋	25間	3間	4本立4組、3本立5組	御普請
保土ヶ谷一戸塚	帷子橋	板橋	15間	3間	4本立2組、3本立4組	御普請
戸塚一藤沢	大橋	板橋	10間	2間半	3本立5組	御普請
藤沢一平塚	境川大鋸橋	板橋	12間	2間	3本立4組	御普請
藤沢一平塚	引地川	土橋	10間	3間	3本立4組	御普請
藤沢一平塚	町屋橋	板橋	11間	2間半	3本立6組	御普請
大磯一小田原	花水橋	板橋	25間	3間判	3本立10組	領主普請
大磯一小田原	国府本郷橋	土橋	12間	3間	3本立7組	領主普請
大磯一小田原	押切川	土橋	16間	3間	3本立9組	領主普請
大磯一小田原	親木	土橋	12間4尺	2間半	3本立7組	領主普請
大磯一小田原	菊川伝ケ橋	土橋	12間	2間半	4本立6組	領主普請
大磯一小田原	山王橋	板橋	18間	2間半	3本立5組	領主普請
小田原一箱根	三枚橋	土橋	22間	2間		領主普請
三嶋一沼津	新町川	板橋	19間	2間半	3本立9組	御普請
三嶋一沼津	木瀬川	板橋	36間	2間半	3本立14組	御普請
原一吉原	河合橋	板橋	23間	3間	3本立13組	御普請
吉原一一蒲原	三度橋	定仮土橋	16間	2間半	3本立8組	自普請
江尻一府中	巴川児橋	板橋	19間半	3間	3本立8組	御普請
丸子一岡部	西入口	土橋	20間	3間	3本立11組	御普請
岡部一藤枝	宿入口	土橋	13間	3間	3本立4組	御普請
岡部一藤枝	朝比奈川	板橋	32間	3間	3本立9組	領主普請
岡部一藤枝	八幡橋	土橋	18間	3間	3本立11組	領主普請
嶋田一金谷	栃山	土橋	17間	3間		御普請
金谷一日坂	清水	土橋	10間	3間	3本立6組	御普請
金谷一日坂	大代	土橋	12間	2間半	3本立7組	御普請
金谷一日坂	菊川	土橋	11間半	2間半	3本立6組	自普請
日坂一掛川	古宮橋	板橋	13間	3間	3本立7組	御普請
日坂一掛川	馬喰橋	土橋	18間半	3間1尺	3本立7組	領主普請
掛川一袋井	大池橋	土橋	29間7寸	3間1尺5寸	3本立12組	領主普請
掛川一袋井	瀬川	土橋	29間1尺	3間	3本立11組	領主普請
袋井一見附	中川	土橋	11間	3間	3本立6組	御普請
袋井一見附	三ケ野橋	板橋	30間	3間	3本立12組	御普請
見附一浜松	加茂川	板橋	10間	3間	3本立3組	御普請
見附一浜松	安間橋	板橋	11間	3間	3本立5組	御普請
浜松一舞坂	馬込橋	板橋	25間	3間	3本立10組	領主普請
吉田一御油	吉田橋	板橋	96間	4間	4本立7組	御普請
御油一赤坂	御油橋	板橋	28間	2間2尺	3本立13組	御普請
赤坂一藤川	八王子	土橋	12間	2間	3本立7組	御普請
藤川一岡崎	高橋	土橋	12間	3間	3本立9組	領主普請
藤川一岡崎	大平橋	板橋	41間	2間2尺	3本立19組	領主普請
岡崎一池鯉鮒	松葉橋	土橋	24間	3間	3本立9組	領主普請
岡崎一池鯉鮒	矢作橋	板橋	156間	4間	3本立52組	御普請
池鯉鮒一鳴海	逢妻川大橋	土橋	15間	2間	3本立12組	領主普請
池鯉鮒一鳴海	境川	土橋	15間	2間余	3本立6組	東側領主・ 西側尾張藩
鳴海一熱田	中嶋橋	板橋	17間	3間	3本立8組	尾張藩
鳴海一熱田	天白橋	板橋	29間5尺	3間余	3本立9組	尾張藩
鳴海一熱田	山崎川	土橋	13間	3間	3本立4組	尾張藩
熱田一桑名	精進川	板橋	12間	3間	3本立4組	自普請
熱田一桑名	熱田堀川通	板橋	17間	3間	3本立4組	自普請
桑名一四日市	町屋川	仮板橋	125間	1間半		領主普請
桑名一四日市	町屋川南	仮板橋	37間	1間半		領主普請
桑名一四日市	朝明川	土橋	84間	2間		領主普請
桑名一四日市	海蔵川	土橋	30間	2間半		御普請

四日市―石薬師	御龍川	土橋	52間	3間	3本立27組	御普請
四日市―石薬師	鹿化川	土橋	12間	2間2尺	3本立7組	領主普請　前は幕領で御普請
四日市―石薬師	内部川	土橋	40間	2間	3本立21組	御普請
石薬師―庄野	北谷川	土橋	10間	2間	3本立6組	御普請
石薬師―庄野	かば川	土橋	12間	2間半	3本立5組	領主普請
石薬師―庄野	芥川	土橋	11間	2間	3本立8組	領主普請
庄野―亀山	和泉川	土橋	42間	1間半	2本立24組	領主普請
庄野―亀山	椋川	土橋	12間	2間	2本立4組	領主普請
亀山―関	小野川	土橋	14間半	1間4尺	2本立6組　捨杭5本	自普請
土山―水口	田村川	板橋	20間半余	2間1尺余	刎出杭8本、中杭10本	自普請
土山―水口	松之尾川	土橋	52間	3間	3本立21組	自普請
水口―石部	横田川	土橋	24間	7間	4本立15組	自普請
草津―大津	勢多大橋	板橋	90間4尺	4間	3本立31組	御普請
草津―大津	勢多小橋	板橋	25間	4間	3本立10組	御普請
伏見―淀	京橋	板橋	22間	3間	3本立6組	御普請
伏見―淀	肥後橋	板橋	15間半	3間	3本立4組	御普請
伏見―淀	豊後橋	板橋	104間半	3間	3本立32組	御普請
伏見―淀	六地蔵橋	土橋	15間	3間	3本立5組	御普請
伏見―淀	平戸橋	土橋	10間	9尺	2本立2組	御普請
伏見―淀	蓬来橋	板橋	35間半	2間	3本立10組	自普請
伏見―淀	今留橋	板橋	20間余	2間	3本立6組	自普請
伏見―淀	河波橋	土橋	18間半	2間	3本立5組	自普請
伏見―淀	毛利橋	土橋	14間余	2間	3本立4組	自普請
淀―枚方	宇治川小橋	板橋	71間	3間	3本立19組	御普請
淀―枚方	宇治川間橋	板橋	19間3尺	3間	3本立7組	御普請
淀―枚方	木津川大橋	板橋	137間	3間5尺5寸	3本立39組	御普請
淀―枚方	黒田川	土橋	10間半	2間余	3本立6組	国役普請
枚方―守口	中川	土橋	14間	2間半	3本立8組	御普請

花水橋・馬込橋はそれぞれ二か所に記されるが一か所に数えた。坂下宿には「橋二十七か所」とあるのみで分類ができないものは含めていない。亀山宿の項目に記される刎橋一か所も含めていない。

ある。矢作橋は岡崎藩領、吉田橋は吉田藩領、勢田大橋・小橋は膳所《ぜぜ》藩領である。一概に支配関係によるともいえない。また、御普請には、代官掛かり、作事奉行掛かり、京都町奉行掛かり、伏見奉行掛かりのように工事の主管が記されるが、矢作橋は吉田橋とともに作事奉行掛かりとある。御普請として幕府作事奉行による直轄工事である公儀普請がなされるところに矢作橋普請の特色がある。

◉――規模

矢作橋は猿猴庵が「海道第一の大橋にて」（『東街便覧図略』）と記すように日本で最大の長さを誇る橋で、江戸時代最初の板橋が二〇八間で、二度目造替の延宝二年（一六七四）十一月に竣工した橋から一五六間の長さとなり、以降一五六間が矢作橋の標準となる。幕府が作成した天保十四年（一八四三）頃の東海道宿村大概帳では長さ一五六間、幅四間とある。『岡崎市史』

第八巻には八町村古老の記録で、享和頃の橋の長さを一五一間五尺一寸、幅を四間三尺九寸と記している。造替を繰り返すなかで多少の長さに相違が生ずるようになったとみられる。

矢作橋の構造は、川の流れ方向に設けられた橋脚の上に水平に梁《はり》を渡し、これに直交する形で桁《けた》を通し、その桁上に橋板を張ったものである。桁を主要な支持構造とし、それを両岸の橋台と川のなかの橋脚で支え板を敷いた桁橋である。享和二年（一八〇二）十月の八町村庄屋の書上げ（『岡崎市史』第八巻）に、「橋杭三本立五十二組」とあるように、川の流れの方向に三本一組の橋脚を設け、川中の五十二組の橋脚に桁を通す。この三本立五十二組の構造がいつ出来上がるのかは不明であるが、二度目の造替で一五六間の長さとなり、以降この長さにほぼ固定されるので、この時の可能性がある。五十二組の橋杭については、矢作村の方から一番から五十二番の番号が付されて表示されるようになる。

文化十四年（一八一七）の掛替時と文政十二年（一八二九）の修復時に用いたとされる「三州矢作橋掛直下廻絵図」（個人蔵）によると、三本一組となる橋杭の梁下長さは、一番が一丈二尺余、一四番二丈一尺余、二八番二丈七尺余、四九番二丈二尺余、五二番一丈二尺余と記される。橋の中央部ほど長い杭が用いられている。これには橋の反りが関係しているとみられるが、浮世絵にみられるような大きな反りはないとみられる。宝暦十年（一七六〇）正月、天文博士である阿部泰邦が京都から関東に下った際の紀行文「東行話説」に「反の甲排《こうばい》さのみにもあらねと、此方の詰より彼方の詰は見えず」とある。

橋桁については「矢作御橋記録」によると、二度目の造替で桁七通り、三度目の造替の正徳五年三月竣工の橋では桁五通りとなり、以降、桁は五通りとなる。桁は橋杭の位置で繋ぎあわせられていることは、「三州矢作橋掛直下廻絵図」から確認できる。なお、桁の長さについては七度

【写真3】八幡社に祀られた矢作橋杭

目造替、寛政十一年（一七九九）竣工した橋では、三番から四番の橋杭に架けられた桁は二丈七尺一寸六分、五十番から五十一番の橋杭への桁は一丈三尺八寸八分とあり（矢作御橋記録）、橋脚と橋脚の間を結ぶ桁の長さは均一ではない。

◉——橋杭

岡崎市矢作町八幡社には矢作橋杭が祀られている。橋杭は杭頭と先端部の二片ある。杭頭には「神霊杭」と墨書される（写真3）。「三河みやけ」（西尾市岩瀬文庫蔵）によると、橋近くに柱杭大明神があり、矢作橋の東より二列目の中杭を古来より神君柱と言ひ伝え、この抜きたる柱を祀ってあるという。この八幡社の杭であろう。杭頭と先端部分の材は樅《もみ》である。橋杭の先端分については、大きさは径四八・〇cm、長さ一一五・五cmである。尖端部は周囲を十角形に作る。残存する釘穴より、突端部分には高さ一尺の円錐状の鉄帽を被せて大釘一五本を打って杭木に取り付け、さらに十面角には隔面に縦六一・五cm横九cmの鉄板をそれぞれ釘付けし、且つ上下二段の鉄箍《てつたが》をかけたことがうかがえる。「矢作橋掛直下廻絵図」にも、杭尖端に短冊形鉄物、倍尻（貝尻）鉄物の有無が記されることからその存在が確認される。

この杭の尖端部分にこのような鉄物を付けるのは杭が入りやすくするためか、杭木の強度を尖端部分にもたせるためであろう。なお、この橋杭の二片については、昭和三十六年（一九六一）発行の『岡崎市史　矢作史料編』にも図版入りで紹介されている。

天保十年（一八三九）、御作事奉行であった梶野土佐守良材が記した「三州矢立筆記」（西尾市岩瀬文庫蔵）によると、「橋杭は根廻り六尺あまり、末口壱尺六寸の槻なり、踏板ハ檜六寸の厚木にて張渡し朽せす」とある。橋杭の周囲を六尺（一八〇cm）、末口（丸太材の細い方の切り口）一尺六寸（四八cm）としており、既述の矢作町八幡社の橋杭の直径が四八・〇cmであること、矢作町の岩月家に残る橋杭で造った臼が直径四八・五cmであることから、「三州矢立筆記」の記録が裏づけられる。

杭の水際は腐食しやすいので根包板が取り付けられることがあった。広重の浮世絵などにも描かれる。「矢作御橋記録」に、正徳年中（一七一一〜一六）の掛替時に「杭水貫下根牧（巻）になさる」とある。

◉――矢作橋杭震込図

矢作橋普請の工事の状況を伝えるものに「矢作橋杭震込図《ゆりこみ》」と称する図がある（東京都立大学図書館蔵）。矢作橋図に添えられているもので岡崎城主水野家に伝来したものである。土俵を載せて荷重をかけた橋脚杭を大勢の人間が綱で左右から引っ張りながら震込む光景が描かれている。当時の矢作橋工事の状況を伝える図として興味ある絵図である（口絵2）。本図と同様の図は「三河みやけ」にも描かれている。「三河みやけ」の説明によると、重しは、初めに二〇〇～三〇〇俵の土俵を積み、杭が下がるにつれて増やし、石俵も積み、七〇〇～八〇〇俵にも及んだという。また、橋杭の震込みで綱を引く人足を鮟鱇《あんこう》人足と称したという。これは口をあけて縄にとりつく故といい、一個所に二～三〇人が充てられた。鮟鱇人足は、当地の一五才から六〇才までの者を募ったが、実際には十二、三歳の子供が多かったという。皆前髪を剃って出たという。絵図のなかには子供らしき人物も描かれている。鮟鱇人足たちは、図に描かれるように音頭取りが唄う木遣り文句に合わせて綱を引っ張ったのであろう。上部には木遣り文句も記される。「三河みやけ」にも渡村音頭取の儀平から聞き取りをした木遣り文句が記されているが、本図の文句と大分違う。

この水野家に伝わった図がいつの工事を描いたものかは記されないが、水野家が城主だった時代から考えると、掛替工事の第二回目の延宝元年（一六七三）～二年、第三回目の正徳三年（一七一三）～五年、第四回目の延享二年（一七四五）～三年のどれかになる。

矢作神社には延宝二年の掛替を祝して、矢作橋の震込みに題材を取った絵馬が奉納されている。薄くなって絵の図様がはっきりしないが、「奉掛御宝」、「延宝二甲寅、三州碧海郡矢作明神」と額面に記され、橋の上で一本の杭を中心にして多くの人が左右に分かれて、杭を綱を引っ張りながら震込むところを描いている。橋には山車船二艘、遠景には矢作神社も描かれる。これは矢作橋の橋杭震込工事をモチーフにした祭礼図とみられるが、延宝二年の工事ですでにこのような手法で橋杭の建て込みが行われていたのであろう。

こうした橋脚杭の建て込み方法は、松村博「近世の橋脚杭の施工法」（『土木史研究』第一八号）

によると、近世の大規模な橋で用いられた一般的な工法であるという。同書によるとこの震込みによる工法は、矢作橋のほか三河・吉田橋、江戸・両国橋、八戸・湊橋、大坂・心斎橋、金沢・犀川《さいがわ》大橋、小倉・常磐《ときわ》橋で用いられたという。

前書にも紹介されているが、吉田橋の弘化二年（一八四五）の掛替工事に関する「吉田藩普請奉行染矢兵左衛門留書」（佐藤又八『三州吉田船町史稿』）には工事の進捗状況が詳細に記されている。震込みに使った土俵、杭の根入れの長さ、一日の震込み杭数なども記され、矢作橋杭の震込みを理解する上で参考となる。吉田橋は寛政五年（一七九三）当時、長さは九三間あり、橋杭は三本建て、二七組あった。矢作橋より小規模であるが、同じ公儀普請で幕府による普請が行われた橋である。同書によると、二組目の杭を抜き取ったところ根入れは一丈（約三メートル）だったので、新杭には一丈のところに鋸目が付けられ、御普請役の印が押されて厳重に震込みが行われたという。古い杭を抜き取るとともに、新杭を同じ一丈ほどの深さまで震込んだようである。作業は一日に五～六本の震込みを行っている日もあるが、一本の場合もあり、作業が複数日にわたっているものもある。震込みが難しい場合もあったことが想像できる。

◉――三州矢作橋掛直下廻絵図

矢作橋の橋杭・橋桁を図示した資料に「三州矢作橋掛直下廻絵図」がある（個人蔵）。同書は表紙に「文化度掛直之節、文政十二丑年御取繕之節用之、井口扣」とあることから、文化十四年（一八一七）の掛替時と文政十二年（一八二九）の修復時に用いられたもので、文政十二年時に大棟梁として赴任した井口勘次郎が控えとして所持していたとみられるものである。

【写真４】三州矢作橋掛直下廻絵図

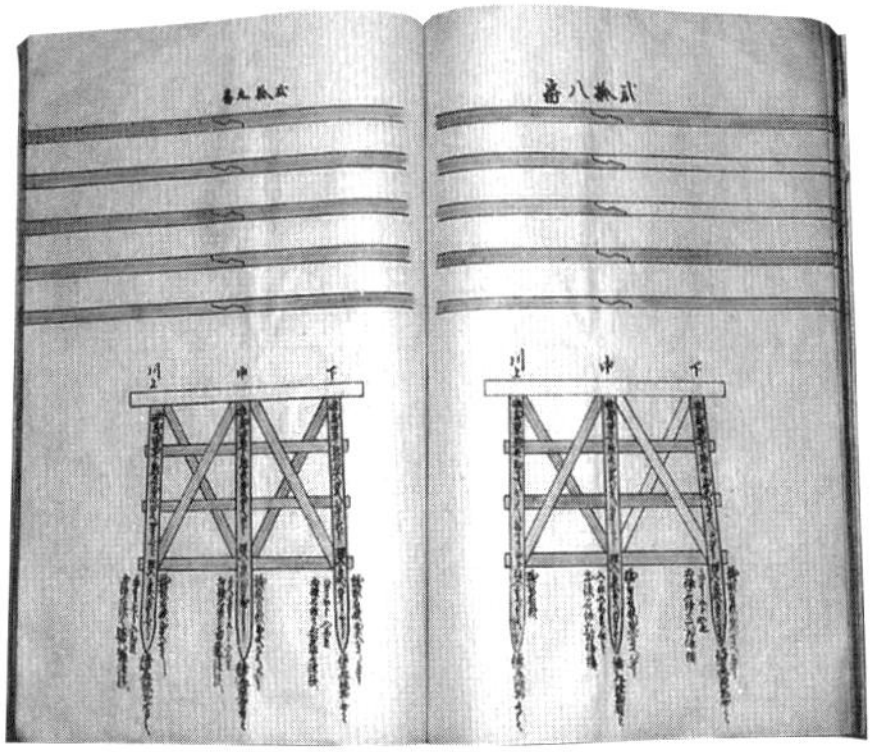

同書には橋脚の川上、中、下の三本建てについて五二組、合計で一五六本が図示されている。三本建て橋杭の一組には矢作村の方から順番に一番から五二番まで番号が振られ、橋脚一組ごとに橋杭についての情報が記される。たとえば、二八番の川中の杭では「抜取有形弐丈七尺八寸」「此度梁下惣長弐丈七尺五寸壱分、根入壱丈壱尺六寸五分、入過入不足無之」「土俵石俵共六百俵積」「倍尻鉄物有之」、とある（写真４）。抜取有形というのは抜き取った古杭のことであろう。梁下部分の新杭の総長を示し、根入は震込みで地中に埋まる部分の長さを示す。根入部分の記載には入り過ぎ、入り不足の寸法を示し、それぞれに震込みで杭が入る深さに相違があることがわかる。また、架台に積まれる土俵・石俵の俵数についても五～六〇〇俵が多いが、なかには三〇〇俵、七五〇俵のものもある。杭にかける重しの重量にも差がある。倍尻鉄物というのは杭の先端に取り付ける金具のことである。杭ごとに有無が記される。

また、本図によると、三本一組の橋脚にかかる水貫《みずぬき》と筋違《すじかい》の様子がわかる。水貫は一番から六番までの橋脚には一本であるが、七番から二五番までが二本、二六番から三四番までが三本、三五番から四九番までが二本、五〇番から五二番までが一本となっている。橋の中央部ほど橋脚が水圧に耐えるように水貫の数が多くなっている。

橋杭と梁の図の上には五通の橋桁が図示される。橋桁は橋脚の上で繋がれており、接合部の様子がわかる。ずれないように継目を噛合わせる接合部の手法は「矢作橋杭震込図」からも確認できる。

なお、本書では橋杭や桁などの図に黄色を着色した部分としない部分があり、着色しない所には文字情報が記されていない。たぶん、無色の橋杭や桁は掛替の時に新しい材に替えずに古材のままであった箇所と考えられる。掛替ですべての杭を新杭にするわけではない。たとえば、寛政十年（一七九八）から十一年にかけて工事では一五六本のうちの一三九本を新杭に替えているが、残る十七本は古杭を利用している（「矢作御橋記録」）。

◉——シーボルトと矢作橋

ドイツ人医師のシーボルトは、オランダ商館長の江戸参府に随行して、一八二六年三月三〇日（文政九年二月二十二日）、矢作橋を渡っている。この時に橋を調査、図面を作成、川原慶賀《かわはらけいが》という長崎の絵師に矢作橋をスケッチさせている。

シーボルトはこの時の様子を著作『日本』に次のように記している。

> この町（岡崎）の手前に砂洲がところどころにある広い河床を矢矧川が流れ、全国屈指の大きい橋が架かっている。この頑丈な橋は城主の命令で日本ではたいへん貴重な木材のケヤキとヒノキで作られていて、橋の径間は七十五、長さは私の見積りだと九三〇パリ・フィート、日本人の言うところでは二百八間、幅はざっと見積もっても三〇フィートはある。（シーボルト『日本』第三巻、雄松堂書店、昭和五十三年五月）

シーボルトの『日本』には、この記述とともに、川原慶賀の描いた矢作橋図、さらに矢作橋の模型と橋桁の繋ぎ目を描いた図が付図として収録されている。模型はシーボルトがこの時の調査をもとに長崎の出島で日本人大工に後に作らせたものとされる。この模型の現物と川原慶賀のスケッチは、シーボルトの帰国によりオランダに持ち去られて、現在オランダのライデン国立民族学博物館にシーボルトコレクションとして伝存している。

筆者は岡崎市美術博物館企画展「矢作川―川と人の歴史―」（平成十一年（一九九九）五月十五日～七月十八日）で担当学芸員としてライデン国立民族学博物館からこの模型と川原慶賀の矢作橋図を借用して展示したことがある。模型は橋を簡略的に、部分を詳細に見せるために作ったとみられるもので、浮世絵に描かれるような反りの強い橋であった。橋脚の水貫の筋違、橋の高欄・欄干、橋板などよく表現されていた。模型を置く板には砂が置かれ橋の下が砂地であるという矢作橋の立地状況までが表現されていた。川原慶賀の描く壮大な橋とは裏腹にちっぽけな橋という印象を与える模型であった。シーボルトがこの模型で表現したかったのは橋の構造にあったと思われる。そのことは『日本』のなかに示される三本の橋脚を結ぶ橋桁の繋ぎの図などからもわかる。日本における最大規模の橋が水勢に耐えられるためにはどのような構造になっているのか、そのあたりの土木技術、情報を入手することがシーボルトの目的であった。

三　橋工事のプロセス―橋見分から完成まで

◉――小普請方と作事方

近世の矢作橋の工事は公儀普請で幕府により工事が行われる。橋が破損した場合は幕府役人が見分のために現地に赴き、工事内容を検討して掛替・修復を決定する。「矢作御橋記録」によると、工事を担当する幕府の部署に小普請方《こふしんかた》と作事方《さくじかた》の二通りがみられる。判明するものでみると、小普請方が担当した時は、正徳二年（一七一二）見分、正徳三年〜五年の三度目掛替、寛保三年（一七四三）の修復、延享二年（一七四五）の見分、延享二年から三年の四度目掛替のみで、多くは作事方が担当している。小普請方による工事・見分は江戸の前期に限られる。

作事方というのは作事奉行、小普請方というのは小普請奉行の職制上の組織である。作事奉行、小普請奉行は、普請奉行とともに下三奉行とよばれ、幕府の行う土木・建築工事を司った。普請奉行が主として土木に関する方面を担当したのに対し、作事奉行は建築・修繕など木工に関することを担当したとされる。また、小普請奉行の職務は作事奉行に近く、たとえば江戸城中では本丸・西の丸の表向きは作事奉行が、奥向きは小普請奉行が担当したように、作事奉行と分担範囲の区別があった（『国史大辞典』「作事奉行」）。作事奉行と小普請奉行の実質的な職務内容に明確な区別がないようである。このことが矢作橋工事で作事方と小普請方の両者が併存している理由であろう。

幕府による橋見分を経て工事が決定すると橋普請の奉行が任ぜられる。掛替工事の時の奉行名は、二度目松平市右衛門正周《まさちか》、三度目向井兵庫政暉《まさてる》、四度目細井飛騨守安定《やすさだ》、五度目山名伊豆守豊明《とよあきら》、六度目室賀山城守正之《まさゆき》、七度目三上因幡守季寛《すえひろ》、八度目村垣淡路守、九度目梶野土佐守良材、である。これらの奉行について『寛政重修諸家譜』により任命当時の役職をみると、松平正周は代官、向井政暉は御書院番、細井安定は小普請奉行、山名豊明・室賀正之・三上季寛は作事奉行である。概ね、江戸の前期は代官・小普請奉行、江戸後期は作事奉行が矢作橋普請の奉行に任ぜられるようである。なお、同書によると、矢作橋普請の橋奉行に任ぜられた者には工事終了後に功績を賞せられて幕府から時服《じふく》や金子が下賜されている。たとえば、室賀正之の場合、天明元年（一七八一）八月十七日に黄金一〇枚を拝賜している。

◉——橋見分

掛替・修復のための幕府役人による矢作橋見分は、「矢作御橋記録」によると、近世を通じて合計で二五回行われている。作事方や小普請方の御勘定や御普請役などが矢作に赴いて実地見分している。近世後期の見分について特徴的な点は、他所の公儀普請の見分や工事と兼務している例が多いことである。同書によると、明和八年（一七七一）は京都御普請、安永八年（一七七九）は吉田橋修復、寛政九年（一七九七）は大樹寺普請《だいじゅじ》、天保八年（一八三七）は勢州・濃州川々御見分、嘉永三年（一八五〇）は大樹寺見分、同五年は大樹寺修復、安政四年（一八五七）は大樹寺見分、がそれぞれ矢作橋見分と兼務になっている。寛政九年の矢作橋修復の時には、鳳来寺、吉田橋、松応寺《しょうおうじ》と四か所の公儀普請を同時に行い、役人などが入れ替わり修復工事に当った。三河には家康や先祖松平氏ゆかりの寺院が多くあり、これらの寺院では幕府による公儀普請が行われた。徳川将軍家の菩提寺・位牌所の大樹寺も公儀普請の行われた寺院であるが、安政二年正月に本堂・書院などを焼失している。再建の見分が行われ、同四年閏五月に再建されるが、その間の安政二年七月、矢作橋が大風雨で流失破損している。同四年正月十五日に行われた橋見分には、当時大樹寺再建見分のために大樹寺に赴いていた御勘定吟味方改役の役人ら四一人のうち一三人が、家来のほか大工肝煎など五十四人とともに矢作に出向いている。大樹寺は再建されるが、矢作橋は三回の見分が行われるものの掛替は行われずに明治に至る。

◉――幕府役人の赴任

矢作橋の掛替工事のために矢作に赴いた幕府役人の役職と人数を第三回から第九回目までについて見てみよう（表3）。第三・四回目は小普請方によるが、第五回以降は作事方のよる工事で、役人の人数は第四、五回目までは三〇人ほどである。第六回以降は四〇人ほどに増加している。増加の原因は同心数の増加である。

これらの役人にはそれぞれ付き添いの家来がいる。天保十年（一八三九）から十一年にかけての第九回目の掛替の時の場合、作事奉行三〇余人、大工頭九人、下奉行七人、披官五人、御徒仮役五人、勘定役三人、小役二人、書役二人、手代二人、定普請同心二人、のように各役人に付き添い人がつき、その数は一六九人ほどになる。

幕府役人は矢作と八町の民家に分宿して、長期間滞在して橋工事に従事する。「矢作御橋記録」にはその宿泊先が役人ごとに記されている。宝暦十一年（一七六一）八月からの工事では、矢作

【表 3】矢作橋掛替工事に従事した幕府役人の役職と人数

3度目（小普請方）	
御奉行	1
添奉行	1
御徒目付	1
御小人目付	4
大棟梁	1
棟梁	1
合計	9

4度目（小普請方）	
御奉行	1
御勘定、吟味役	1
小普請御頭	1
御徒目付	1
御吟味役	1
小普請御目付	1
御徒仮役	2
御勘定下役	2
御手代組頭	1
御吟味下役	2
取木方組頭	1
取木方組下役	1
御小人目付	2
御普請役	1
御手代	7
大棟梁	1
肝煎方	5
合計	31

5度目（作事方）	
御奉行	1
御目付	1
御勘定	1
御大工頭	1
下奉行	2
御徒目付	2
御披官	2
御徒仮役	1
御勘定役	2
小役	1
書役	1
御普請役	2
御手代	2
定御普請同心	3
御小人目付	4
大棟梁	1
町棟梁	2
合計	29

6度目（作事方）	
御奉行	1
御目付	1
御勘定	1
御大工頭	1
下奉行	2
御徒目付	2
御披官	1
御見習	1
御徒仮役	2
御吟味下役	1
御普請役	1
御勘定役	2
小役	1
書役	1
御手代	3
御植木同心	3
定御同心	15
御小人目付	4
大棟梁	1
大鋸棟梁	1
町棟梁	1
合計	46

7度目（作事方）	
御作事方奉行	1
御大工頭	1
御勘定	1
下奉行	2
御披官	2
御徒仮役	2
吟味方下役	1
御普請役	1
勘定役	3
小役	1
書役・御手代	4
定普請同心	15
大棟梁・大鋸棟梁	2
大工棟梁	3
御目付	2
御小人目付	4
合計	45

8度目（作事方）	
御作事奉行	1
諸書	1
御大工頭	1
御作事下奉行	2
御披官	2
御徒仮役	2
御勘定役	3
小役	2
御手代・小役	3
定普請同心・同心	14
大棟梁	1
町棟梁	3
御勘定	1
御徒目付	2
御普請役	1
吟味方・御下役	1
御小人目付	4
合計	44

9度目（作事方）	
御作事奉行	1
御大工頭	1
下御奉行	1
下御奉行勤方	1
御披官	1
御披官介	1
御徒仮役	2
勘定役	3
小役	1
書役	1
御手代	2
御手代御出役	1
定普請同心組頭	1
定普請同心	13
定小屋御門番人	1
大棟梁	1
大工棟梁	3
御勘定	1
御徒目付	2
吟味方下役	1
御普請役	1
御小人目付	4
合計	44

村では、御奉行の山名伊豆守が孫右衛門、御勘定岩堀権左衛が長三郎、御大工頭の千種庄兵衛が新右衛門、下奉行神谷庄右衛門が次郎吉、同役宮重文五郎が彦兵衛、八町村では御目付の松田彦兵衛が弥次右衛門、御徒目付の加藤助五郎が久右衛門、などである。上位の役人はほとんどが一人に一軒の宿を宛がわれている。幕府役人二十九人の宿泊先は矢作村が二十二人、八町村が七人である。天保十年から十一年の時は、矢作には作事奉行が勝蓮寺《しょうれんじ》、ほかの大工頭・下奉行などが十九か所の家に合計一三七名余、八町には御勘定が弥次右衛門、御徒目付が三か所の家、小人目付が八町光円寺《こうえんじ》、合計で三二名がそれぞれ分宿している。役人の宿泊先は矢作村が中心である。

これらの宿は、旅客の宿泊を担う旅籠と違い、商家や百姓家などの一般民家である。幕府役人の滞在宿泊にあたっては、あらかじめ岡崎藩役人により見分、畳替えなどが行われた。矢作町区有文書の「諸色覚書　宝暦十一年辛巳正月吉日」は、東矢作村の庄屋三右衛門が書き留めたもので、幕府役人の宿への対応について記している。

宝暦十一年五月五日、岡崎藩の川西手永《かわにしてなが》代官より庄屋三右衛門が呼び出され、幕府役人の宿割りや工事の小屋場の地割りを正徳年中の掛替の時と同じように差し出すように命じられている。五月七日、岡崎藩の小瀧平吾・花村忠左衛門が、幕府の橋奉行の宿とされる宿の見分のために矢作に赴いている。五月八日、東矢作村では小屋場所の地割をして岡崎藩に持参している。このあと、役人の宿割りについて検討を重ねたうえ岡崎藩に提出したようである。七月五日には、手永代官より藩の普請方が宿見分するので案内するように庄屋が申し付けられている。六日に見分が済み、八日から宿の普請に掛かり、畳替えの見分も藩の中間頭《ちゅうげんかしら》立ち合いのもとで行われた。同月十六日までに大工普請を終えている。以上の記述にみられるように幕府役人の宿割りなどの準備は地元岡崎藩の指示のもとに行われる。

このように宿の受け入れ準備ができたうえ、八月二十八日、幕府の御橋奉行一行が矢作に到着する。東矢作村の庄屋三右衛門は、同村内片町の久蔵を連れて前日の二十七日昼過ぎより吉田に幕府役人の出迎えに赴いている。幕府役人一行は同日の夜四ツ時過ぎに吉田に到着、吉田に泊まって翌二十八日昼過ぎ七ツ時分に矢作に着いている。到着した当時の様子を庄屋三右衛門は「大こんらん仕候」と記している。ただ、八月二十八日に到着した一行は役人全部でなく、一部であった。御奉行の山名伊豆守、御目付の松田彦兵衛など八名が到着するのは十月五日になる。

◉――江戸から普請材

幕府役人の矢作への赴任に先行して行われるのが橋材の調達である。矢作橋の普請材が江戸から運ばれることは『刈谷町庄屋留帳』に収録される浦触《うらぶれ》からわかる。浦触は、材木を運送する船などが遭難で破船、材木が散乱した場合、海辺の村々にて取り揚げて連絡するように海辺の村々に求める廻状である。運送が始まる前と実際に海難事故が起きた場合に出されている。同書には、運送する事前の浦触が延享二年（一七四五）、宝暦十一年（一七六一）、安永九年（一七八〇）、文政十二年（一八二九）、天保十年（一八三九）の各年に出されている。矢作橋普請材木を江戸から三河平坂《へいさか》湊、さらには矢作まで運送するに際して事故が起きた時の対処を村々に依頼している。材木には極印が押され判別できるようにされている。延享二年の場合をみてみよう（二巻283頁）。

参州矢作橋御普請御材木、江戸並びに駿州清水湊より船積致し、三州平坂湊迄、夫より川路矢作橋御普請場迄相廻し候に付、万一海上において難風に遭い、又は川通にて流失等これある節は、其所々名主・組頭・百姓共早速罷出て取り揚げ置き、矢作橋御普請場迄注進致べく（読み下し）

この延享二年六月に出された浦触は、幕府勘定奉行の神谷志摩守久敬《ひさよし》、神尾若狭守春央《はるひで》、木下伊賀守信名《のぶな》など六人が差出人で、武州品川から駿河清水湊、さらに三州矢作橋普請場までの御料（幕領）、私領、寺社領、の村々名主・組頭が宛先となっている。内容は、江戸と駿河清水湊で橋材を船積した船が、海上で遭難または河川で流失があれば取り揚げ置き、矢作橋普請場まで連絡を依頼するものである。

この延享二年の時には、赤松材を積んだ船が同年十月二十八日に三河国渥美郡堀切《ほりきり》村沖にて破船している。この船は伊豆国西土肥《にしとい》村仁兵衛の船（沖船頭与三郎、水主九人乗り）で、清水湊で材木を積み込み、十月二十三日に出帆、二十八日夜、大風雨にて遭難した。この時は三河と尾張知多郡に、幕府の矢作橋普請奉行の細井飛騨守より、流木があれば揚げ置いて矢作橋御普請所に連絡するように浦触れが出ている（第二巻287頁）。

矢作普請材運送船の遭難は、これ以降も『刈谷町触留帳』では宝暦十一年、安永十年、天保十年、の各年にみられる。遭難の事例を記しておこう。

宝暦十一年十二月二十三日には、志州あしのもと（場所不明）で破船して材木が散乱、流失したために浦触が出ている（第三巻297頁）。安永九年には、矢作橋の御用材二四七本を積んだ江戸遠州屋喜兵衛（沖船頭松右衛門）の船が十一月晦日、江戸品川を出帆したが、十二月七日夜、遠州今切沖で遭難し材木が散乱したので、同十年二月と三月に浦触が出ている（第四巻、614頁、615

頁）。安永十年には、大坂天満屋勘兵衛（沖船頭喜兵衛）の船が二月十六日、江戸品川を出帆したが平坂湊に入津しないために、行方を知らせるように三州平坂詰の廻船御用達苫屋久兵衛代村上彦市から尾州・志州・勢州・熊野大嶋までの浦々に触れが四月九日に出ている（第四巻617頁）。天保十年には、奥州石巻卯兵衛の船（沖船頭与右門、水主、炊とも十六人乗り）が槻挽木・末口《すえくち》物《もの》一四二本を積んで品川沖を五月三日出帆したが、六月十九日、三州小塩津《こしおづ》村（田原市）沖合いで遭難破船している。同年、同じように材木を積んで五月二十九日に品川沖を出帆した江戸通壱丁目長左衛門の船（沖船頭広蔵、水主・炊とも十五人乗）も六月十九日に先の卯兵衛船と同じところで遭難し、九月五日に遭難した二艘についての浦触が出ている（第十三巻83頁）。以上のように江戸からの材木運送にはたえず海難事故のリスクがあるわけである。

安永九年、文政十二年、天保十年の浦触からは矢作橋普請材木の運送請負人である材木廻船御用達苫屋久兵衛、廻船定請負支配人佃屋勘左衛門、廻船御用達広嶋屋平四郎の存在がわかる。公儀普請である矢作橋用材の江戸からの搬送には、幕府御用達の廻船方商人が活躍している（第四巻590頁、第十一巻156頁、第十三巻22頁）。

◉——大坂などからの回漕

矢作橋材について江戸からの搬送をあげたが、その他の地域から調達される場合もある。宝暦十一年（一七六一）の時は大坂などからも送られている。矢作橋工事の御手伝い普請を命じられた武蔵忍《おし》藩十万石の阿部氏家臣酒井六右衛門の六月二十日の口上覚によると、材木は大坂・飛騨・越中の三か所で幕府が買い上げて平坂湊に船で送るとしている。また、『平坂村田畑地押帳』によると、宝暦十一年八月六日、大坂より矢作橋御用木を積んだ大船一艘が平坂に到着し、外山六右衛門の土場に揚げられたとある。請負人は木藤九兵次という。同書には、平坂に回漕された橋材の受取りに関する記事がみられ、受取りに際しては矢作から幕府役人が平坂に赴く。宝暦十一年の時は幕府役人とともに御手伝普請を命じられた阿部氏家臣が平坂に赴いている。

また、同書によると、飛騨で伐採した矢作橋御用木四〇〇本余は、「いさば」船によって運ばれ、同年八月十二日に尾州白鳥から平坂湊に到着、同十四日より陸揚げされている。飛騨で伐採された材木が筏で飛騨川・木曽川を経て伊勢湾に出たあと尾張の堀川を遡り白鳥の貯木場に集められ、さらに船に積まれて三河に運ばれたものとみられる。材木を運んだ「いさば船」というのは伊勢湾内で活躍する運送船で、尾張と三河を結ぶ舟運で大きな役割を果たしていた（『愛知県史』通史編五）。大坂からの船は大船で一艘とあるので江戸廻船の大型の船であろうが、「いさば船」はそれより小型の船である。何艘かにわけて運送したものとみられる。

平坂湊に運ばれた橋材は一旦陸揚げされ、同湊に留め置かれる。『平坂村田畑地押帳』によると、延享二年（一七四五）の時、九五〇石積の元（本）船が三艘入津、杭木四四本・槻角平物九一枚が平坂湊に陸揚げされている。平坂に積み置かれた橋材は幕府の指示のもと西尾藩が警備にあたる。同藩は平坂湊の近村七か村に風雨・出火の節は同湊まで橋材を守るために駆け付けることを命じている。

なお、橋材は平坂湊から矢作まで矢作川の川船に積替えて搬送される。延享二年の時は前掲書に「御用木運送藤井村請負、藤井舟・矢作舟計り積申候、当地其外村々舟は積み申さず候」とあり、藤井村（安城市）が運送を請負い、同村と矢作村の船が運んだ。平坂村や中畑村の川船は運ぶ機会がなかった。

◉――三河山間部から普請材木

矢作橋の普請材は三河の幕府領の御林から伐採されて矢作川を流し下すことで調達されている場合もある。

天保十年（一八三九）から十一年にかけての掛直の時は「矢作御橋記録」に「御材木の儀、江戸表にて御払底の趣にて三州大ケ蔵連御林より御板橋に御用に相成候檜材の分、御手伐出し相成」とあり、幕府役人として御勘定高橋治助、御普請役桑山右源治、御林手代木村奥次郎、さらに御用材取扱人として遠州掛下《かけした》村（磐田市）横井伝左衛門、三州平畑《ひらはた》村（小原村）山田源左衛門などの名前が知られる。加茂郡の大ケ蔵連《おおがぞれ》村（豊田市）は矢作川支流田代川上流域に位置する村で宝暦十二年（一七六二）に幕府領となった村である。

材木を川で下すには、狩下《かりさ》げと桴下《いかださ》げの二通りの手法がある。狩下げは、川狩り、管流しとも呼ばれ、一本ずつ川を下すもので、桴流しは木を組んで桴にして流すものである。伐採された材木はまず狩下げで川を流し下し、古鼠《ふっそ》・越戸《こしど》などの河岸《かし》で桴に組まれて下流域に運ばれる。

天保九年九月、矢作川上流域の古鼠・越戸の問屋・村役人は大ケ蔵連御林からの御用材の伐出しについて、狩下げから桴下げにするように願書を御用材掛り桑山右源治まで出している。当初狩下げとしていたものを大切な御用材であるので桴下げへの変更を願ったのである（『新修豊田市史』八No.263）。この時には越戸村の桴乗中が、桴下げが渇水期でも支障なく出来る旨を同村役人に証文として出しているので（同No.264）、越戸村の桴乗仲間が大ケ蔵連御林で伐採された材木を桴に組んで矢作まで運んだとみられる。

◉——御手伝普請

矢作橋は幕府が費用を負担して行う公儀普請が原則であるが、諸大名による御手伝い普請も実施されている。御手伝普請というと、宝暦治水での薩摩藩による木曽三川の分流工事が知られているが、橋普請でも遠方の諸大名により行われている。幕府の財政が厳しくなると、公儀普請の一部を大名に肩代わりさせるのである。

矢作橋では、三度目の掛替である正徳三年（一七一三）からの普請では豊後臼杵藩主の稲葉氏が、五度目の掛替である宝暦十一年からの時は武蔵忍藩主の阿部氏、六度目の掛替となる安永九年（一七八〇）年からの時は陸奥中村藩主の相馬氏がそれぞれ御手伝普請を命じられている（「矢作御橋記録」）。いずれも近世中期の時期である。

三度目掛替時の臼杵《うすき》藩稲葉氏（五万石）の御手伝普請では、「矢作御橋記録」に従事者を家老加納外記、添奉行宇佐美十蔵、下役為井為右衛門と記す。同書からはこれ以上のことはわからないが、西尾藩主であった三浦氏の家老九津見家の文書「三州矢作橋御普請御材木平坂湊江相廻り、同所江揚置候付、公儀御役人方御出之節御取計一件覚帳」によると、この稲葉氏の御手伝普請時には、平坂湊に回漕される材木の受け取りのため、正徳四年三月二十七日、稲葉氏は家来を赴任中の岡崎から平坂に遣わしている。平坂に運ばれた材木の見分は幕府役人によって行われるが、その時には稲葉氏の家老、用人も平坂に赴いている。

五度目掛替時に御手伝普請を命じられた武蔵忍藩十万石の阿部飛騨守正允《まさちか》の場合、「矢作御橋記録」に矢作に赴いた家臣として、家老平田弾右衛門、添奉行工藤市左衛門、元〆高木与惣左衛門以下十人の名前を記す。西尾藩主三浦氏の家老九津見《くつみ》家文書によると、御手伝普請を命じられた阿部氏は材木受け取りのために家来を平坂に遣わしている。この阿部氏の平坂湊での普請材の受取りについては後述する。

六度目の掛替で御手伝普請を命じられた相馬中村藩の場合、「矢作御橋記録」では、墨（岡）田久太夫以下総人数五七人が矢作の勝蓮寺に宿泊滞在して普請工事に従事した。田原口保貞『奥州相馬の歴史発見』（私家版）によると、相馬中村藩主相馬因幡守（恕胤・六万石）が矢作橋掛替の御手伝普請を幕府より命じられたのは天明元年（一七八一）閏五月二十八日という。六月三日に相馬中村藩は矢作橋普請役人の名簿を提出したが、それによると惣奉行の生駒七郎右衛門及び添奉行の門馬嘉右衛門は現地に赴かず江戸での勤番で、現地での責任者は岡田久太夫で門馬三郎兵衛、中村市右衛門が補佐役として派遣されることになっていた。「矢作御橋記録」では派遣人数は五七人となっているが、『相馬藩世紀』によると派遣総人数は六五人となっている。幕府役人が工事を終えて矢作を出立するのが天明元年六月十九日なので、相馬中村藩が従事したのは工事終盤の一月ほどになる。どこまで工事に関与したか疑問がある。田原口保貞氏の前書によると、相馬藩では工事関係の費用として、材木代、海上輸送費、渡舟代等で約六三五〇余両を天明二年上納している。この費用が相馬藩の財政を逼迫させたことは間違いない。

◉――阿部氏の御手伝普請

宝暦十一年（一七六一）に御手伝普請を命じられた忍藩主阿部氏の役割の一つに平坂湊での普請材の受け取りがある。平坂での材木置場の設定、矢作への材木搬送、残木の幕府への引き渡しなどである。西尾藩主であった三浦氏の家老九津見家の文書によりながらみてみよう。

阿部氏家臣酒井六右衛門の宝暦十一年六月二十日の口上覚によると、材木を大坂から平坂湊に送るために役人四、五人を大坂に赴任させるとある。また、盆前後には平坂に着船となるので、到着次第材木を受け取り、幕府役人が到着するまで平坂に滞在するように指示している。六月二十六日、西尾藩江戸留守居からは、材木は湊の入江の内へ矢来を作って入れ置くこと、その場所は阿部氏家来が指示して問屋どもに申し付けるなどの幕府指示が西尾藩の国元に伝えられている。七月二十五日の阿部氏家臣から西尾藩への連絡には、平坂湊に役人四人そのほか足軽・中間など二〇人を差し遣わすとある。さらに八月四日には阿部氏家来四人が尾州白鳥より平坂に、五日にも家来十七人が同所に到着している。尾州白鳥から平坂湊に向けて搬送された普請材の受取りのためであろう。八月十九日には平坂湊入江に阿部氏の指図により矢来が作られ材木置場が設けられる。その矢来口には箱番所が設けられ、「三州矢作橋御普請御材木置場、御手伝阿部飛騨守」と記した杭が建てられた。

九月二日には、矢作に赴任中の幕府役人の岩堀権左衛門・千種庄兵衛・神谷庄右衛門・加藤助五郎から、材木見分のために平坂湊に出向くので立ち合いを求める書付が西尾藩に届けられる。同三日に幕府役人が矢作より川船で川を下り平坂に赴いている。十二月五日、二十五日、翌年二月二日にも幕府役人が平坂に出向いている。十二月五日以降の幕府役人の平坂行きは、「御材木為取木」とあるので、矢作に回漕する材木を選ぶためとみられる。宝暦十二年二月二十九日に阿部氏家臣の松沢恒右衛門・加藤瀬左衛門が西尾藩渡辺五郎右衛門へ宛てた書状では、矢作への材木搬送が済んだこと、残木は問屋へ預け、平坂を引き払い、矢作へ引っ越すことを伝えている。二月晦日、阿部家家来は平坂から矢作へ出発している。その後、四月二十三日には、幕府役人から西尾藩に平坂湊内の材木置場の地面の引き渡しが行われる。矢作橋工事が終了したことによるが、工事での残木は矢作から平坂湊に戻され、幕府役人に引き渡される。「御材木残木、平坂へ乗戻し、御手伝方より御勘定方え御請取」とあるように、平坂で幕府役人に残木を引き渡すまでが阿部氏の役割であった。このために阿部氏家来が再度平坂に赴いている。四月二十四日の幕府役人岩堀権左衛門の命で平坂に戻された材木は幕府勘定方が受け取り、赤坂代官に引き渡されている。

御手伝普請を成し遂げた武蔵忍城主の阿部飛騨守正允は宝暦十二年十二月に大坂城代に昇進している。同十三年三月八日に矢作橋を通過しているが、この時には矢作村役人に金子を渡し、矢作の牛頭天王社に御手伝普請に従事した家老平田弾右衛門などとともに初穂料を納めている（「矢作御橋記録」）。御手伝普請の功で大坂城代昇進を果たしたことを謝するためであろう。

◉――岡崎藩の役割

矢作橋の公儀普請工事の期間中、岡崎藩の役割に工事現場の警備がある。普請小屋などの昼夜の管理のほか矢作川の出水に対する監視なども行う。この任務を果たすために、藩では郡奉行、普請奉行、代官などの役職者を矢作橋御用掛に宛てている。「矢作御橋記録」には担当となった藩士たちの名前が記される。

四度目の掛替である延享二年から三年にかけての時を例にあげれば、藩主は水野監物忠辰《ただとき》の時代で、郡奉行の都筑勘兵衛・嶺岸半内、普請奉行の三輪伝右衛門・三好幸右衛門・亀山伝八郎、川西代官の嶋半治、上野代官の宮崎団七、大工頭の花村忠左衛門が担当に宛てられている。代官は藩領をいくつかの区画に分けて支配する所の手永《てなが》に宛てられる代官で、矢作村の属する川西手永、八町村の属する上野手永の代官がメンバーに加わるのが通例であった。

工事期間中に矢作川の水が増水した場合には藩が工事現場を含む矢作橋近辺の監視にあたる。九度目掛替工事期間中の天保十年（一八三九）四月二十七日の出水時には、藩の家老都筑惣左衛門・用人栗野主馬・目付柴田弥左衛門・郡奉行太地源五太夫・者頭川合兵左衛門・作事奉行千田頓五郎・郷横目緒方七郎・川西代官杉浦墨右衛門・上野代官山路杢右衛門のほか作事方下役・帳元・間役・穀役・同心ら総勢一四二人が出役している。役人たちは矢作側では勝蓮寺・光明寺など、八町側では喜兵衛・曽助などの家に詰めて工事現場と近辺の矢作川堤を見守った。この時は、八町と矢作両村から八〇人、近村の日名村より三〇人のほか、渡村・大友村からも水防人足が駆り出されている。

矢作橋の普請は幕府が主体となって行うのが原則であるが、一度だけ、幕府から費用を宛てられて岡崎藩が主体となって工事をおこなった例がある。享保十八年（一七三三）の修復である。この時は幕府から金八〇〇両が拠出され岡崎城主水野忠輝が修復工事を行った。「矢作御橋記録」によると、橋添杭二二本を松の末口物で施したとあるので橋脚を補強する工事だったとみられる。普請奉行役に井上助左衛門・渡辺半助・古市四郎右衛門・安見藤左衛門、大工頭には西能見の与左衛門が任じられ、同年五月二十三日より工事に取り掛かっている。「丕揚録」によると、同年二月十二日に水野忠輝は岡崎矢作橋修造の事を命じられ、十二月朔日には修造に関与した役人が将軍より時服あるいは銀を賜ったとあるので、同年内に完了したとみられる。なお、上宮寺（岡崎市）の「古今纂補鈔」四によると、同寺境内の大木がこの時の修復の材木候補になったという。これは寺側の反対で実現しなかった。

工事が終了すると、幕領代官の検査を受けて岡崎藩に矢作橋が引き渡される。橋の平常時の管理は岡崎藩の役務である。

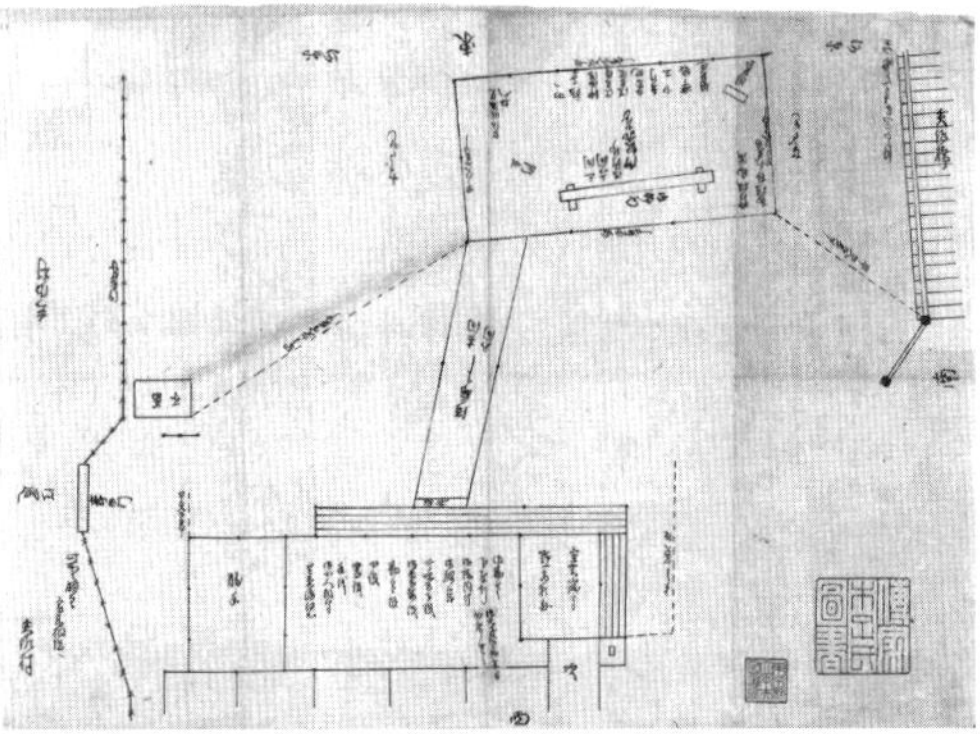

【写真5】矢作橋釿初規式図（東京都立中央図書館特別文庫室蔵）

◉――釿初規式

橋工事の期間中には釿初規式《おのはじめ》が行われる。釿初規式の様子を伝える図が、東京都立中央図書館に残されている（写真5）。内裏の作事に関わる大工であった木子《きご》家に伝えられていた資料の一つである。題箋に「三州矢作橋掛直御普請御釿始御規式小屋絵図　出来形元石丸控」「天明元辛丑閏五月」とある。元石丸控とあるので、この工事に従事した大棟梁石丸大和（讃岐）の所持していたものを写したものとみられる。

年号からすると、六度目の掛替工事に関するものである。工事は安永九年（一七八〇）十一月から天明元年（一七八一）六月まで、御奉行室賀山城守以下、御目付野一色頼母、御勘定の五十嵐長左衛門などのほか総勢幕府役人四七名のもとに行われた。この工事では橋杭九六本の取り替えが行われている。

図には矢作橋の西詰の矢作村に設けられた三間に六間の釿初規式小屋、御奉行の室賀山城守ほか幕府役人の詰所、それを結ぶ仮廊下が描かれる。小屋には釿立、飾物、銚子などが供えられ、幕が張り巡らされている。詰所には先述の両役人のほか、御勘定・下奉行・御徒目付・御被官・吟味方下役・御普請役・勘定役・小役・書役・手代・御小人目付・定普請同心の役職が記され、釿初出席者をうかがうことができる。「御大工頭御病気ニ付出席無之」とあり、大工頭は当日病気で出席できなかったようである。

会場は竹矢来で仕切られ、竹矢来の外側が東海道往還で、会場への入口となる門のところに岡崎藩家臣が詰めて警備にあたったとみられる。たぶん役人の詰所は堤防の上に、小屋は「なだれ」とあるので河原への傾斜地に設定されたものとみられる。

釿初というのは工事ではじめて材木に釿(斧)を入れることをいう。「ちょうなはじめ」ともいう。同図に記された天明元年閏五月は、翌月には工事は完成しているので釿初の年月とするには遅すぎるように見えるが、釿初規式は形式的な儀式で、ある程度工事が進んだ状況下で行われるようである。

八度目の掛替では役人が文化十四年(一八一七)四月に到着、工事が進められたようであるが、「ちょうな建」は八月二十五日、渡り初めは九月二十四日に行われているので、完成の一月前に釿初規式がおこなわれている。また、九度目の掛替工事では天保十年三月に役人が到着して工事が始められ、釿初規式は十月二日、完成後の代官検査である請見が翌十一年正月二十五日であるので工事の終盤で行われているといえる。

◉――幕領代官の出来栄え見分

矢作橋の工事が完成すると、幕領代官が現地に赴き、出来栄《できば》え見分、すなわち検査を行う。「矢作御橋記録」ではこの検査を「請見」とも表現している。見分を請けるという意味であろう。検査で不十分なところがあると幕府役人が叱責処分をくらう。矢作橋では確認できないが、吉田橋で御大工頭が役儀差免小普請入逼塞、ほかの役人も差控の処分を受けている例がある（『吉田藩江戸日記一』宝暦四年（一七五四）四月二十八日）。

「矢作御橋記録」から出来栄え見分に赴いた代官名を拾ったのが表4である。遠州中泉《なかいずみ》代官と濃州笠松代官が多い。文政十二年（一八二九）の修復時の例を記すと、同年十二月二十一日、笠松代官野田斧吉が矢作に到着、二十二日に出来栄え見分を行っている。検査が済み、同日の午中刻（昼十二時頃）より橋往来が始まっている。このあと、作事方役人より笠松代官に矢作橋が受け渡され、さらに代官から岡崎藩役人に引渡しが行われている。橋の日常管理は岡崎藩の役目である。二十三日には代官が矢作を出立している。天保十一年（一八四〇）の時は遠州中泉代官小笠原信助ほか手代二名が出来栄え見分を正月二十五日に行っている。岡崎藩士中根忠祐の日記によると、同年正月二十四日に中根忠祐が中根本陣に代官を出迎え、二十五日の藩への橋引渡しに林長兵衛が出向いている（『中根家文書』上）。

代官の滞在はたいてい二～三日間である。その間に出来栄え見分のほか、岡崎藩への橋引渡しのほか、新規になった橋の渡り初めも行われる。

【表4】矢作橋出来栄え身分の代官

年代	工事種別	代官所・名前
明和８年	修復	遠州中泉・大草太郎左衛門
安永４年	修復	駿州島田・岩松直右衛門
天明元年	掛替	濃州笠松・千種六郎右衛門
寛政２年	しつらへ	三州赤坂役所手代衆
寛政５年	修復	遠州中泉・辻甚太郎
寛政 11 年	掛替	濃州笠松・鈴木門三郎
文政 12 年	修復	濃州笠松・野田斧吉
天保 11 年	掛替	遠州中泉・小笠原信助
嘉永５年	修復	遠州中泉・岡崎兼三郎

「矢作御橋記録」より作成

◉――渡り初め

渡り初めは、橋の開通式に初めて橋を渡る儀式である。高齢の夫婦、または三代の夫婦がそろった一家を選んで行われるとされる。ここでは二度目造替時、延宝二年（一六七四）十一月十日に行われた渡り初めの例をみてみよう。この時に主役となったのが岡崎城下町の商家太田一族である。

太田家に残る「延宝弐甲寅年十一月十日矢作橋渡初次第」によると、露払いの後、籠田町の太田彦兵衛元重を先頭に、連尺町の太田道専入道、その後を彦兵衛と道専の子、さらに孫の一族十人が裃姿で手代・供の者を従えて橋を渡った。この時は籠田《かごた》町と連尺《れんじゃく》町の太田家の三代が渡り初めをしているが、夫婦でなく男のみである。太田一族のあと、挟箱一対・歩行者十二人・ツツラ（葛籠）馬二疋、太田一門十九人、籠田町と連尺町の庄屋、連尺町衆が連なっている。同書には、橋半ばで両脇に棚を拵え、餅・銭・米を投げたこと、橋の両岸を町組同心衆が警固したことも記される。渡り初めの行列が終了したあとには、連尺町の太田甚十郎宅と籠田町太田彦十郎宅でそれぞれ町衆への振る舞いも行われている。この時、渡り初めの栄誉を受けた太田家は籠田町・連尺町にあって木綿問屋として酒屋・質屋を兼ねながら岡崎城下第一の富商となった一族である。太田家の系図（岡崎市滝町太田家）によると、「官命ありて一族門葉初渡、これ吾太田氏の名誉なり」と記している。

延宝二年時には、太田一族のほかにも渡り初めの栄誉を受けた商人はいたようである。矢作橋材調達請負人の請人となった片山八兵衛も「去ル寅（延宝二年）ノ霜月渡り初被為仰付候事」（延宝四年願書）と記している。多くの関係者が橋の渡り初めをして橋の完成を祝ったとみられる。

【写真6】大黒屋の大黒天・恵比寿像

◉――古材の払い下げ

橋の修理や掛替工事が完了すると、不用となった橋の旧材は入札が行われて払い下げられる。岡崎藩から入札を呼びかける廻状が大庄屋を通じて村々に出されている。額田手永の大庄屋である内田甚右衛門から出された目板・鼻木（端木）の払い下げに関する廻状（岡崎市東《ひがし》阿《あ》知《ち》和《わ》町内田家文書）を例にみてみよう。

廻状は三月七日付けで出されたもので年紀がないが、内田甚右衛門家が額田手永大庄屋を勤めるのは享和三年（一八〇三）から文政八年（一八二五）までで（『新編岡崎市史』三）、この間で矢作橋修復は文化二年（一八〇五）時しかないために年代が確定できる。廻状は最初に藩から大庄屋宛ての通達文の写、次いで大庄屋から管内の村宛ての文が続き、末尾に廻状先の十五か村名が記される。藩の通達文は目板と鼻木の払い下げについて、矢作村小屋場で入札することの周知、入札希望者がおれば藩に届け出るよう大庄屋に命じている。大庄屋から村への文書では、入札を望む者がおれば、明八日晩までに拙宅まで申し出るよう依頼している。廻状は順達で村から村へ送り、留《とま》り村（最後の村）から大庄屋に戻すよう指示しているが、廻状を出したのが三月七日の申の下刻（午後五時）、戻す期限が八日の晩とあるので、かなり急ぎの廻状である。

払い下げとなった矢作橋木材を利用して造られたかと思われるものに、岡崎伝馬町の商家大黒屋小野権右衛門家の店内にまつられていた大黒天・

恵比寿像がある（写真6）。大黒天像は打出の小槌を持ち米俵を踏む像で身高七・八㎝、幅六・六㎝。恵比寿像は釣り上げた鯛を持つ姿で身高七・八㎝、幅六・三㎝。両方ともほぼ同じ大きさの小さな木像である。商売繁昌を願って造られたものであろう。底裏にそれぞれ「三州矢作橋登三枚板彫、天明元丑年七月大良日、開眼師日這合爪」とあり、矢作橋の旧板材を利用したものであることがわかる。制作年月日からすると、天明元年（一七八一）六月に完了した第六回目の矢作橋掛替時の払い下げ材木で作ったものとみられる。

岡崎連尺町の商家であった岐阜屋太田家では、戦前の家屋敷の大黒柱に矢作橋の杭材を利用していたという（故太田銀蔵さんからの聞き取り）。太田家は既述したように延宝二年（一六七四）新造の矢作橋渡り初めの名誉を受けた家である。岡崎の商家にとって矢作橋は富と繁栄をもたらす存在であり、その橋材は大事に活用されたのである。

四　橋の管理

◉——洪水と矢作橋

矢作橋の掛替や修復の原因には大風雨による矢作川の出水がある。矢作川流域では江戸中期以降、土砂の堆積で河床が高くなり洪水が頻発するようになる。「矢作御橋記録」にも寛政元年以降の記録に風雨出水による橋の破損が記されるようになる。以下、矢作川出水で橋が破損した例を諸記録からみてみよう。

寛政元年（一七八九）は、中根家文書（『岡崎市史』八No.364）によると、六月十四日より雨天にて大風雨にて昼夜雨が止まず降り続き、十七日より矢作川そのほか川々洪水、十八日近来なき川々満水となり、矢作川・菅生川・伊賀川・青木川・そのほか枝川の囲堤を水が乗越し、数か所が破堤、岡崎領分や朱印寺社の村々を水が押し抜けたという。岡崎城内、天守下まで水が押し寄せ、石垣等を崩し、家中屋敷、城下町の低い所は水につかり、民家のなかには流失、潰家となったものがあった。「矢作御橋記録」では、寛政元年六月十八日、高水となり一丈三尺の出水、八町村橋上堤切れ、八町新左衛門家が流失、七組目の橋杭にかかり、橋が一尺ほど下がったという。

文化元年（一八〇四）は『池鯉鮒宿御用向諸用向覚書帳』No.121によると、九月二十八日、矢作川満水の影響で橋が損じて四〇間ほど落ち込んだという。橋の上《かみ》にて東へ堤切れ込み、同日より十月九日迄一〇日間は渡し船にて通行、それ以降は四〇間ほど窪んだ橋の上に板橋を掛けて人馬とも通行したという。「橋の上に橋とは前代未聞の事」、と記す。「矢作御橋記録」では橋の東方三側杭より十五側目杭まで長さ五〇間の間が落込んだとある。

文化十三年は「参河聴視録《みかわそうしろく》」(国立公文書館蔵)によると、閏八月朔日より四日まで大風雨にて三島堤一〇〇間余切れて、川上にて家が崩れ、人が多く死んだという。矢作橋に流れ物が掛かり、四〇間余橋が落ちたといいう。「矢作御橋記録」では、閏八月四日大風大満水にて東橋台より橋四六間が切れ流れ、二つ切れとなり、一つは川崎辺に、一つは海に流れたと記す。

文政十一年(一八二八)は「参河聴視録」によると、七月朔日、出水が一丈八尺あり、矢作橋三〇間が落ち、上青野に流れ行ったとある。矢作・筒針両村の水損覚(『新編岡崎市史』八No.391)によると、七月に矢作川満水となり堤押切り、矢作橋の東の方三八間の橋杭梁桁等を押し流したとある。「矢作御橋記録」では六月晦日夜より大風雨にて矢作川満水、七月朔日矢作橋東にて凡四六間程、杭間九組同日八ツ時流失とある。

嘉永三年(一八五〇)は「三河みやけ」によると、七月二十二日と八月二十日の両度にわたり、一丈二・三尺の増水で、矢作より一里川上の中切村《なかぎり》(豊田市)で破堤、さらにそこより一〇町ばかり川下でも堤が切れて、川の東西は云うに及ばず、岡崎の城内下肴町の辺は海のごとくなったという。この時、老人が家の棟に乗ったまま流れ来て矢作橋の杭にかかったので、水防の者が橋上より綱を降ろし引き揚げて助けたという。このほか様々なものが流れ来て橋にかかり、水当りが強く橋が落ち込んだとある。この時は矢作村の側で長さ三〇間ほど落ち込み、川下へ七尺ほど橋が押し流された。

安政二年(一八五五)は、「矢作御橋記録」によると、七月二十六日、大風雨にて矢作川出水一丈三尺二寸、同二十九日大雨にて川上より諸木など夥しく橋に掛かり、同夜西の方にて杭十一組高欄二十六間、東の方にて杭九組高欄川上にて三〇間、川下にて三二間、なかほどにて凡そ

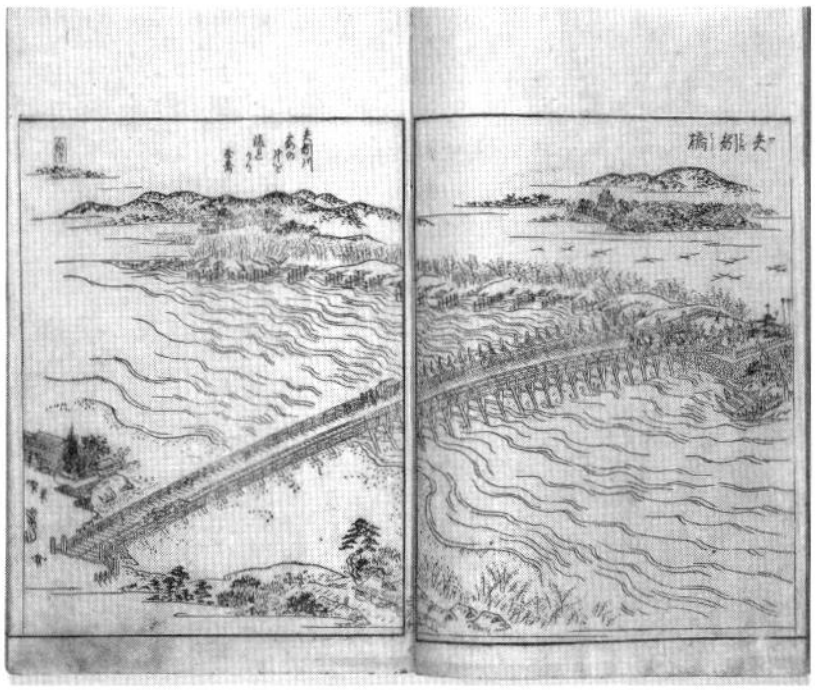

【写真7】『東海道名所図会』の矢作橋

一〇〇間ほど流失し、往来が止まったという。この時の洪水以後、明治まで橋の掛替はなく、修復もなされない。

以上、橋の破損について記したが、橋が落ち込み流失する主たる原因は、水勢とともに川上からの漂流物が橋杭にかかり水圧が増し橋杭に負荷がかかることにある。

◉――芥除杭

流されてくる流木などから橋を守る目的で設けられたものに芥除杭《あくたよけ》がある。猿猴庵《えんこうあん》の描いた矢作橋図（『東街便覧《とうかいべんらん》図略《ずりゃく》』）では橋の東詰から中ほどまでと西詰めの一部に、また、『東海道名所図会』（寛政九年（一七九七）刊）に収録されている矢作橋図にも橋の真ん中より東側の川上に、それぞれ芥除杭が打たれている様子が描かれている（写真7）。芥杭が川の東より打たれているのは、水の流れ筋による。

芥除杭も出水時の漂流物で破損する。「矢作御橋記録」によると、明和二年（一七六五）に芥除杭の修復が行われている。同二年の七月下旬より八月上旬まで幕府普請役保田太左衛門らによって見分が行われ、同年十一月から十二月にかけて御普請役の黒沢幸助、手代役の萩野大八が赴いて工事が行われた。造替工事は八町村・矢作村の両村請負であった。芥除杭の松末口物二一組が造り替えられた。

享和二年（一八〇二）十月の矢作村差出帳（『新編岡崎市史』7 №99）によると、「川上芥除杭廿六組、但シ弐本立」とあり、二本一組の芥除杭が

【写真8】久澄橋

二六組あったことが記される。同書によると、享和元年と同二年両度の出水により流失して、当時四組のみが残るとある。

芥除杭について、猿猴庵の図では一本の棒状の杭として描かれるが、『東海道名所図会』では川上に三角形の木組みらしきものがみられる。『東海道名所図会』に描かれるこの構造物とよく似たものが、昭和十五年（一九四〇）頃の矢作川に架かる久澄橋《きゅうちょうばし》（豊田市）を撮った写真に見られる（写真8）。矢作川の砂利を船で採取している様子を撮った写真であるが、背後の久澄橋に三角形の構造物が橋脚とは独立して見える。上流からの流木などが橋脚に当たる直撃の力を和らげる役割を果たしたと思われる。

◉——矢作川の河床高

矢作橋破損をもたらす川の出水、洪水の原因に土砂堆積による河床高がある。「矢作川浚日記」（『新編岡崎市史』八No.352）によると、矢作川の河床は宝暦七年（一七五七）の大洪水から明和四年（一七六七）の大洪水までの一〇年で凡そ四尺余（一・二m）も高くなったという。同書は明和四年の大洪水で被害を受けた矢作川流域の住民が、支配領域の枠をこえて幕府に川浚えを願う動きを記したものである。同書に次のように記される。

矢作川筋である加茂郡越戸村より幡豆郡平坂の海面まで十か年以来およそ四尺余も須高に相成り、雪解・夕立等にも出水、殊更霖雨降り続けば洪水となり・・・・当七月十二日より十三日の霖雨にて矢作川筋上より下まで左右の堤数箇所押切り（破堤し）、御料・私領・旗本領・寺社領残らず水腐りとなる。殊更、この度は民家・家財道具は勿論、水死等数多あり前代未聞、書面には認めがたいほどの出水であった。右に申上のとおり、洲川であるので近年殊のほか須高となり、水が落ちる平坂の海面は新田になるほど須入（土砂が溜まる）となっている。水落ちが悪いので少しの雨でも水嵩が増す出水となる。（現代語訳）

同書では洪水の原因を土砂の堆積による河床高ととらえている。一〇か年以来、四尺余も須高になったという。明和四年に矢作川流域の住民から出された川浚えの願いは実現されず、その後も河床高による洪水が頻発するようになる。

矢作橋近辺の河川敷は砂地で、そのことは前書の「須高」「洲川」という言葉にも表れている。矢作川は風化しやすい領家《りょうけ》花崗岩地帯を流れ、マサ（真砂）と呼ばれる粗砂を大量に供給する東海地域でも特異な川である。『東海道名所図会』に描かれる矢作橋図は矢作川中流域に位置するこの立地状況をよく捉えている。橋の西側半分が砂地に埋もれている様子が表現されている。

矢作川の河床高に対応して橋も高く架けられるようになる。「矢作御橋記録」によると、延享年中（一七四四～四八）には八町で三尺、矢作で一尺五寸あげられている。また、「三州矢立筆記」によると、天保十年（一八三九）から十一年の掛替工事でも橋台の石垣を五尺嵩上げしている。

◉——三州矢立筆記

天保十年（一八三九）の掛直工事のために矢作に赴いた梶尾土佐守良材《よしき》は、当時の矢作橋、矢作川について見聞をまとめ、「三州矢立筆記」（西尾市岩瀬文庫蔵）を残している。近世後期の矢作橋周辺の環境を適格にとらえている。

川の広さ凡そ百五拾間、或ハ二百間、広狭ところによる。矢はぎばしより平坂まで道のほど凡六里、はしより川上百々むらまで五里、是より八石川になりて船はのぼらず。水上の材木はとち椽木さけ也。はしのした平水凡三四尺、浅き時ハ壱弐尺なり。はしより西ハ大方かはらにて砂地也。御橋の渡り百五十間余、出水には東西のはしづめ水に浸りてゆき、も止りぬれバとて、こたび（此度）橋台の石垣五尺築足して高くなる。川の床は皆砂にて、壱丈余したは岩とこ（床）なるにや。杭根入壱丈弐三尺事にて、よ（余）はい（入）らず。川床の砂ハ年まに高くなりて、むかしと今はいたくかはれりと聞ゆ。雨降れば俄に水増て、壱丈或は壱丈五六尺にも及ぶこと年ごと（毎）にたびたびあり。川床の附洲其折々に変じて、瀬の筋様々にかはる。此砂自ら湊の川口へながれ行て湊内附洲となり、平坂の湊もいつの程にか海遠くなりて、今は弐里の沖よりこなたへハ元船よらず。是よりして小船に荷をうつし運び、川口の東西の洲ざき新田となり、又は渺々たる芦原にて、なお新田ハいか斗（計）も年を追てなりぬべし。此新田ゆえ水上のながれつかえて洪水の基ともなるべきなり。後の考あらまほし。（原文のまま）

文中に示されるように、天保十一年の掛直で橋台の石垣が五尺高くなる。理由は出水の時、東西の橋詰が水に浸かって往来が止まるためという。矢作川の水位は、平常は三〜四尺、浅い時は一〜二尺であるが、雨が降って増水すれば一丈、或いは一丈五〜六尺にも及ぶことが年ごとに度々あると記す。

なお、この橋台の嵩上げについては、支障がないかの確認が流域の村々に対して工事前に行われている。橋台を四、五尺上置すること、また、矢作側の橋台を川に築出して杭の間隔を縮めることなどについて問題がないかを問う触れが出ている。西蔵前村（岡崎市）では天保九年三月十六日、この触状を磯部《いそべ》村（岡崎市）から受け取っている（西蔵前町区有「御用留記帳」）。

◉——矢作川の出水と橋

矢作橋の平常管理は岡崎藩が行った。幕府から管理が岡崎藩に委ねられており、橋に被害を与えるような出水があると、藩では役人が監視のために矢作橋のたもとに詰めた。矢作川の水位は常水で三尺、出水で五尺になった時は岡崎領主に矢作村から注進することになっていた（享和二年（一八〇二）「御分間絵図御用村方（矢作村）明細書上帳」『新編岡崎市史』七No.99）。村からの報告を受けて藩の担当役人が現地に赴く。東矢作村の庄屋記録にはそうした矢作川の出水と藩役人の出役に関する記事が散見される。同村の記録からみてみよう。

寛延二年（一七四九）「萬覚書」（矢作町区有文書）によると、同年八月朔日、昼過ぎ八ツ時頃より五尺二寸の出水があり、晩の六ツ時には二寸引いたことを藩に報告している。また、八月七日にも五尺三寸の出水があったが、八ツ時頃引いたこと、同月十二日にも五尺八寸の出水があり、八ツ時頃二寸引いたことをそれぞれ藩に報告している。さらに、翌日の十三日には、七ツ時頃に六尺八寸までの出水となり、代官・地方役人が出役したが、暮六ツ時に水が引いたために引き取っている。

『岡崎市史』第八巻が記す記録によると、矢作川の出水が六尺に及んだ時には郷横目・代官・支配頭が矢作橋に赴き、そのほかの藩役人は出動の準備をして、七尺に及べば家老宅に詰め、様子次第では家老とともに現場に赴くこととなっていた。この規定は、橋とともに近辺の堤防をも守るためのものである。

宝暦十一年（一七六一）「諸色覚書」（矢作町区有文書）によると、同年三月十九日に六尺七寸の出水があり、晩七ツ時より増水し、夜四ツ半時分に二寸引き、代官衆が引き取ったが、この時には松野尾、高嶋両人のほか山廻り・穀取も出役したとある。

宝暦十一年は橋の掛替工事が八月から行われており、工事が始まってからは幕府役人も滞在しているために藩では出水には特に気を遣ったようである。「諸色覚書」にも出水をめぐって幕府役人とのやりとりがみられる。九月七日には五尺七寸の出水で岡崎藩の担当役人が残らず出役したという。この時は五尺で出役していたために幕府の橋奉行の指示により、下役人を残してそのほかは帰ったという。九月十三日には前夜からの大風雨で八尺四寸の出水があり、岡崎藩の担当役人は残らず出役したが、水が引くにつれて徐々に引き取り、六尺四寸まで川越主計・須賀太左衛門・亀山佐次右衛門が片町の清八宅に詰めていたという。岡崎藩役人が引き取るにあたっては幕府役人に断りを入れている。

◉――橋を水勢より守る

岡崎城下伝馬町の庄屋書留帳の天保十三年（一八四二）七月二十八日触書（『岡崎市史』第八巻）は、城下の一三町で申し合わせて大桶二〇を用意し、矢作川の水嵩が一丈二～三尺に及んだ時には藩からの指示で組頭が大桶を持参して矢作橋に駆け付け、到着順に東の方から桶を置き、指図次第桶に水を一杯張り込むこと、水が引けば町々で大桶を引き取ることを記している。城下の一三町で用意する大桶二〇の町ごとの割り当ては、次のとおりで、大桶一つに人足五人掛かりで、町の組頭を一人ずつ指し添えて出すとしている。

大桶二つ	連尺町	人足七人	大桶五つ	伝馬町	人足二十一人
	横町	人足三人		久右衛門町	人足四人
大桶二つ	籠田町	人足五人半	大桶四つ	材木町	人足十二人
	上肴町	人足四人半		能見町	人足八人
大桶四つ	両町	人足十一人	大桶一つ	祐金町	人足五人
	投町	人足九人			
大桶一つ	十王町	人足五人	大桶一つ	裏町	人足五人

水を張った大桶を橋の上に置いたのは、川の流れの水勢から橋を守るためである。この触れは藩の指示により歩当《ぶとう》番所が出したものであるが、橋のこのような防御策は従来からあるものである。宝暦十年（一七六〇）「諸色覚書　東矢作村」（矢作町区有文書）によると、宝暦十年七月十九日から二十日朝五つ時まで九尺五寸の出水があり、藩の担当役人が残らず出向き、十九日夕方七つ時より地方役人久兵衛の指図で、橋に東矢作村の庄左衛門と孫右衛門が借りだした大桶

一個を置き、それに水を入れたことがみえる。寛政二年の「三州岡崎領往還略図」（『岡崎市史』第三巻）には、矢作と八町の両方の橋詰近くに大桶が置かれているのが描かれている。橋の上の桶に水を張る時に使う水を貯めておく貯水槽であろう。

なお、歩当番所が天保十三年七月に前記の触れを出すにあたって、岡崎藩では出水の場合の吉田橋での対処について前年の五月に吉田町に照会していることが『三州吉田船町史稿』にみえる。吉田橋の場合、出水の節は吉田の各町が防備のために人足・明俵・纏・水桶を携えて出動していることがみえる。矢作橋と同様、水桶などにより橋に重しを置く方策もとられている。また、人足を城下の各町に負担させていることも共通している。橋を維持するための役割が城下町に課せられている。

◉――箱番所

橋の中央には箱番所があった。岡崎城主水野家伝来の絵図のほか、『東海道名所図会』の挿図、「東海道分間延絵図」、「参河名勝志」の貫河堂《かんがどう》筆の矢作橋図（『岡崎市史』第八巻）などに、橋中央北側に描かれている。一八二六年三月三〇日（文政九年二月二十二日）、オランダ商館長の江戸参府に随行して矢作橋を渡ったシーボルトは橋を測量、図面などを残しているが、著書である『日本』に掲載される矢作橋の模型図には箱番所がリアルに描かれている。同図によると、箱番所は通路の幅より少し川に突き出ている。往来通行を妨げないように設置されている。文政十二年九月、矢作橋修繕のために江戸から矢作に赴いた幕府役人大沢（普請同心の大沢新五郎と思われる）が記した「三河記」も橋の中央部分に箱番所を描いている。

『岡崎市史』第八巻によると、延宝元年（一六七三）から二年にかけての掛替の時に中央に箱番所が設けられたとある。以後、掛替のたびごとに前例に倣い設けられたのであろう。

箱番所について、享和二年（一八〇二）十月の矢作村差出帳（『新編岡崎市史』7 №99）に「御橋中央ニ箱番所一ケ所御座候、八丁村・当村之者差出シ申候、掃除等両村より仕候」とある。箱番所へ八町村と矢作村で人足を差し出すこと、また掃除にも両村から人足を出すこと記している。矢作・筒針両村についての文政十一年（一八二八）水損覚（『新編岡崎市史』八 №391）にも、東矢作・西矢作の村は「東海道往還矢作橋掃除人足・橋番人等差出」と、掃除人足・橋番人を出すことが記される。

橋番所は江戸の両国橋でもみられ、橋の中央と東西の橋詰三か所にあった。橋中央の番所は一間×三尺の小さなもので、両詰の橋番所には番人が常駐し橋が損傷しないように利用者を監視していたという（松村博『江戸の橋』）。両国橋と同様に矢作橋の箱番所も警備・監視に関するものとみられる。なお、猿猴庵は『東街便覧図略』で、矢作橋について箱番所の存在とともに西詰に突棒と指股が飾られている様子を記している。橋詰に設置された突棒なども橋の警備・監視のための付帯設備である。

◉——矢作橋と塩座

橋の管理ということではないが、橋と岡崎城下町の関係で塩座《しおざ》に触れておこう。岡崎の伝馬町と田町には塩座があり、塩の流通に関する特権を持っていた。三河湾から矢作川を船で運ばれた塩は、支流の乙川《おとがわ》（菅生川《すごうがわ》）に入り岡崎城下の桜馬場土場《どば》、または矢作橋のたもとにある八町土場で伝馬町と田町の塩座の改めを受け陸送するのが慣例であった。矢作橋より上流への塩船遡上は原則禁じられていた。この特権は家康より認められていたものであるという（『新編岡崎市史』七No.201）。

抜け荷があるために田町と伝馬町の塩座では塩見の者を出して矢作橋を通過する川船を監視していたとされる。矢作橋より上流に位置する奥殿《おくとの》藩・挙母《ころも》藩・尾張藩渡辺半蔵家領への藩御用の塩船の搬送をめぐっては岡崎塩座とたびたび争いがあった（岡崎田町塩問屋一件留（『新編岡崎市史』七No.206）。

奥殿藩の御台所御用塩については、年に一艘限り塩船の通船が認められていたという。奥殿藩の塩船をめぐっては、享保四年（一七一九）、安永六年（一七七七）に争いがあり、嘉永四年（一八五一）八月には奥殿藩御用塩六〇〇俵余を運ぶ塩船三艘が積み上ってきたため、塩座が船を差止め、翌年まで争いが続いた。この争いの最中の嘉永四年十一月には、田町・伝馬町庄屋が矢作橋詰に塩船通船停止の高札を掲げることを岡崎藩に願っている。

岡崎の塩座を経て矢作橋を遡上した塩を確認できる例に足助の商家小出《こいで》家の饗庭塩《あいばじお》の購入がある。同家の仕入先は、田町の塩屋喜兵衛・足立九兵衛、伝馬町の塩屋次郎兵衛・佐伯太郎右衛門など岡崎の塩座商人である（小出家文書）。その搬送ルートは、三河湾沿岸から矢作川を川船で遡上し、岡崎の塩座で改め、支流巴川の平古《ひらこ》（豊田市）で陸揚げし、足助まで馬で運んでいる。

矢作川は塩の道である。川を通じて古くから塩が運ばれていたことは矢作川沿いの小針《こばり》遺跡（岡崎市）や梅坪《うめつぼ》遺跡（豊田市）から出土する製塩土器からもあきらかである。近世に成立する岡崎の塩座は、塩の道の流通経路をうまく掌握した制度であった。遡上する塩船は矢作橋を前に帆を下し、八丁土場で塩座の改めを受けて橋を通過したのである。矢作橋は岡崎の塩座の指標であり、制度を支える存在でもあったのである。

五　渡船と仮橋

◉——渡船と仮橋

矢作橋がない古代から中世の矢作川の渡河は渡船によったとみられる。承和二年（八三五）六月二十九日付の太政官府に「応造浮橋布施屋并置渡船事」として、「参河国飽海矢作両河各四艘、元各二艘、今加各二艘（中略）右河等崖岸広遠不得造橋、仍増件船」とある（『類聚三代格』巻一九　禁制事）。両岸の幅が広く橋が造れないために今まであった二艘の渡船にさらに二艘を増やすというものである。交通量が増し、都への税の輸送に支障をきたしたのであろう。古代の時代、矢作川で公的な渡船が行われていたことがこれによりわかる。中世の時代も渡船によったとみられるが、その制度などについては全くわからない。

近世に橋が架けられるようになると、橋が破損して通行不能の場合や工事期間中には渡船が行われることが制度化される。矢作川では最初は岡崎城主による御馳走船《ごちそうぶね》の無料の渡船、そのあと幕府監督のもとに有料の渡船が行われる。

また、橋工事期間中に仮橋が設けられる場合もあった。『岡崎市史』第八巻によると、寛文十年（一六七〇）焼失のあと、九月五日の渡船入札で連尺町喜三郎が落札、渡船が行われるようになり、さらに十月七日に仮橋入札で、金四九〇両で赤坂の久兵衛が落札、請人に連尺町兵左衛門、同所清兵衛、伝馬町新十郎・平左衛門・長兵衛の五人が立ったという。仮橋の長さは一七五間であった。仮橋が本橋と比較してどの程度の規模のものかのかわからないが、人がどうにか通行できる程度のものであろう。元禄七年（一六九四）七月より同八年四月までの板替修復工事でも仮橋が架けられたようである。同七年八月の仮橋入札についての触状の記録がある（『名古屋叢書』第三巻412頁）。「矢作御橋記録」では、正徳三年（一七一三）～五年の三度目の掛替の時にも「仮橋にて超成ル」とあるので、仮橋が架設されている。仮橋に関する記述は主に近世前期の掛替時にみられる。

◉――御馳走船

矢作橋が破損して通行できなくなった時は、幕府監督下の請負渡船が始まるまで岡崎領主による無料の渡船、「御馳走渡船」が行われている。

「矢作御橋記録」では、文化十三年（一八一六）閏八月四日に橋が破損したあと、岡崎城主による無賃越し立ての渡船となり、これが同年十二月十九日朝五ツ時まで続き、これ以降は幕府の赤坂役所監督下の有料渡船となっている。文政十一年（一八二八）七月朔日の橋破損の時は、九月二十一日から赤坂役所監督の請負渡船となるが、それまでは、岡崎領主より「御手永を以御馳走起」とあり、御馳走渡船が行われている。藩領の手永村々負担による無料渡船が行われたのであろう。安政二年（一八五五）七月二十九日の大雨による破損の時は岡崎領主手船を以て無賃の越し立てとなり、同年十一月晦日から幕府の中泉代官所監督のもと請負人による有料渡船が行われた。

安政二年の御馳走渡船については、八町村の庄屋であった木藤八三郎が書き留めた「御馳走渡船控帳」が残されている（八町・木藤家文書）。同書によると、七月二十九日の大雨で八ツ時頃より東海道往還が水入りとなり、また、矢作川満水で夜五つ時少し前に矢作橋の一ケ所が流失、追々四か所が流失したという。往来は止まり、八月八日午上刻より城主による御馳走渡船が始められた。同書には八月八日の開始から十一月二十八日までの間に五八件の渡船記録が記される。記されるのは大名・幕臣・公家などの通行である。なかでも大がかりとなった渡船には、御三卿一橋慶喜の室となる美賀君《みかぎみ》の通行がある。美賀君を迎えるために幕臣が上京した八月十二日には、御召船一艘、大船六艘、小判船二艘が、また美賀君が婚礼のために東下した九月二十一日には大船六艘、小船四艘の御馳走船が出されている。薩摩宰相の九月晦日には往来渡船大船二艘、小船二艘、別段馳走に大船四艘、小船四艘の計一〇艘が仕立てられている。

大規模な通行時における船をどのように調達していたのか。また、御馳走渡船業務を実際に担うのは誰なのか。また、その経費の面を含めてわからないことが多い。船や船頭の雇銭などが藩の費用で賄われるとすると、岡崎藩にとってはかなりの財政的負担となる。

◉――渡船請負

岡崎領主による御馳走渡船と呼ばれる無料渡船のあとが、幕府の赤坂役所配下での請負人による有料渡船である。「矢作御橋記録」から渡船請負人の出身地・歩合・名前をまとめたのが表5である。

請負人が判明するのは十八世紀に入って以降であるが、地元の矢作村・八町村のほか、駿河岡部、遠江中泉、遠江池田、飛騨、江戸、三河では伏見屋（碧南市）、藤川宿、赤坂宿、御油宿、丸山村、のそれぞれの者が請負に参入しているのがわかる。矢作村と八町村の地元と遠州池田村の者が請負人となる例が多い。なかでも、天龍川渡船場の村である池田村からの参入は特徴的である。池田村は文化十三年（一八一六）から十四年の渡船時には、歩合で五分を占有し、地元の矢作村と

【表 5】矢作川渡船請負人

年代	請負人出身地（歩合）	請負人名
正徳３～５年	駿州岡部	内野屋新右衛門・山田屋弥左衛門
	地元村請	
享保 10 年	遠州中泉	多ヶ井屋新七
	矢作村請	
延享２～３年	飛州	材木屋弥次兵衛
宝暦 11 ～ 12 年	矢作村	重右衛門
	丸山村	仙右衛門
	伏見屋（新田村）	藤八郎
	藤川宿	源右衛門、三左衛門
	赤坂宿	庄左衛門、権六
	遠州池田	惣蔵、甚右衛門、喜平太、仁惣治
	御油宿	甚左衛門
	江戸	久五郎、藤内
安永９～天明元年	遠州池田	惣蔵、平左衛門
	藤川	久蔵、千蔵
	矢作村請	
寛政 10 ～ 11 年	矢作村	江戸屋長三郎
文化 13 ～ 14 年	遠州池田（５分）	
	矢作村（４分）	藤左衛門、幸吉
	八町村（１分）	
文政 11 ～ 12 年	遠州池田（２分５厘）	芥川孫右衛門、杉村万五郎、野中甚吉、小池権太郎、石津清右衛門
	八町村（２分５厘）	平田金五郎
	矢作村（５分）	岩月藤左衛門、野村又左衛門、市川孫太郎、加藤弥次右衛門、田中武兵衛、酒井重左衛門、寺田太吉、磯村惣左衛門、斎藤善四郎、市川甚助、杉浦丹蔵
天保９～ 10 年	矢作村（４分）	岩月藤左衛門、小林庄左衛門、市川孫太郎、加藤弥次右衛門、寺田沖蔵、坂東広太良、酒井与兵衛
	八町村（１分５厘）	小林定治、次右衛門、万吉、伊三右衛門、十左衛門
	遠州天龍川出張（２分５厘）	名主・半場善右衛門、居番平野太郎兵衛、代判・芥川庄太夫
	赤坂役所支配分（２分）	
嘉永５年	矢作村（３分３厘３毛）	村役人惣代・清右衛門、甚十、藤左衛門、村請負人・弥次右衛門、広太
	八町村（１分６厘６毛）	村役人・八右衛門、仁兵衛
	遠州池田村（５分）	居番・伊平治、四郎兵衛、太郎右衛門
安政２年～	遠州天龍川出張（３分）	大庭源左衛門、大庭宗太夫、芥川治右衛門、下役・安右衛門
	矢作村（４分）	岩月藤左衛門、酒井彦右衛門、岩月藤兵衛、細井清右衛門、善助、善十、松四郎、藤蔵、幸七、龍蔵、久助、市右衛門、甚吉、清兵衛、幸次郎、市郎右衛門、又左衛門、万五郎、庄五郎、甚蔵
	八町村（２分）	八右衛門、伊平、次郎右衛門、新左衛門、万吉
	藤川宿出張（１分）	平岡千之助、塚本幸蔵、山内重吉

「矢作御橋記録」より作成

【写真９】遠州池田村の船頭の名がみえる絵馬

八町村と渡船方権益の半分を分け合うほどであった。天龍川渡船での経験を踏まえ矢作川渡船にも加わったのである。矢作神社には宝暦十二年（一七六二）時の五度目の矢作橋掛替時に渡船業務を行った船頭たちが奉納した絵馬があるが、そのなかに矢作川流域の伏見屋・大浜・鷲塚などの村の船頭とともに遠州池田住渡船方の半場氏、芥川氏の名前が見られる（写真９）。

請負人は入札によって決まるとみられる。矢作町区有文書「東矢作村諸色覚書」（宝暦十一年）によると、宝暦十一年から十二年にかけての掛替工事の時は赤坂役所より、往来渡船請負を望む者は同十一年七月朔日四ツ時までに書類を同所に持参するように触れが出ている。赤坂役所での入札で請負人が決まったのであろう。「東矢作村諸色覚書」によると、請負人は丸山村仙右衛門・伏見屋新田村藤介で、両人の請人として藤川宿の源左衛門・三左衛門、赤坂宿の庄左衛門・弥一左衛門、御油宿の甚左衛門の名前が記される。これらの人物は渡船開始前の同年九月八日に東矢作村の庄屋の案内で、矢作の渡船場や幕府役人のもとを訪れている。東矢作村庄屋とは、同村と八町村の者の渡船賃、東矢作村の出入り荷物は無料とすることを確認している。渡船が始まるのは十月十五日である。

●――延享二年の渡船請負

矢作橋普請中に渡船を請け負った者が幕府に差し出した請書の一札とみられるものが、『刈谷町庄屋留帳』第二巻285・286頁に収録されている。延享二年（一七四五）八月二十七日付けで請負人の加藤屋弥次兵衛と加賀屋惣兵衛が出したものである。請負人の一人加藤屋弥次兵衛というのは、表5にある飛州材木屋弥次兵衛であるかと思われる。橋工事期間中の渡船請負にはかならず地元の矢作村の者が参加するが、この時は材木屋弥次兵衛の配下に置かれたのであろう。

請書には渡船の条件が示される。船の数は大小一二艘で、一艘に水主は二人とすること。渡船賃銭は定水より一尺まで、二尺まで、三尺まで、それぞれの増水に対応して三段階に分けて額が示されている。武家・僧侶は無賃。また、池鯉鮒宿と岡崎宿の伝馬役の人馬については往路の持ち運びは無料であるが、復路は所定の賃銭を取るとしている。増水により船止めする時は幕府役人の見分を受けると記される。

商人の請負内容が刈谷町庄屋の触留にみられるということは、これが公的渡船の条件として認知されたのであろう。

◉――渡船高札と賃銭

矢作橋工事中の渡船については、道中奉行による渡船高札が立てられ、渡船賃銭が公示される。文政十一年（一八二八）、安政二年（一八五五）、慶応元年（一八六五）のものが確認できる（『新編岡崎市史』七、岡崎市美術博物館蔵「矢作川渡船記録」）。

渡船賃銭は、旅人一人、乗下一駄、荷物一駄、駕籠一駄に分けられ、常水・増水の場合の額が示される。乗下は、馬の両側に明荷を二個付けて馬に乗ることを乗掛というが、その明荷のことをさすとみられる。宿間の駄賃区分の乗掛に準ずれば重さ二〇貫目までの荷になる。荷物は本馬の時の荷物で四〇貫目までとなる。常水の範囲は増水一尺まで、それ以上は増水のランクになり、

【表6】渡船賃銭

水深	種別	延享2年	文政11年	安政2年	慶応元年
常水 1尺まで	1人	8	13	13	20
	乗下1駄	10	18	18	27
	荷物1駄	22	30	30	45
	駕籠1挺	14	26	26	39
増水 1尺余〜2尺	1人	28	28	28	42
	乗下1駄	40	37	37	56
	荷物1駄	64	61	61	92
	駕籠1挺	40	56	56	84
増水 2尺〜船留	1人	39	37	37	56
	乗下1駄	55	49	49	74
	荷物1駄	78	76	76	118
	駕籠1挺	55	74	74	115

『刈谷町庄屋留帳』第2巻、『新編岡崎市史』7、「矢作川渡船記録」より作成

増水は一尺から二尺まで、二尺から船留までと、水位は三ランクに分けて賃銭が示される。

先に記した延享二年（一七四五）の渡船の時には道中奉行の高札は出ていないが、請書に示された賃銭を文政十一年以降とあわせて示すと表6になる。比較すると、文政十一年と安政二年では増水の場合の賃銭が低く抑えられている。文政十一年と安政二年の高札の内容は全く同じで賃銭に変化がない。慶応元年の高札（『岡崎市史』第八巻）には「当丑（慶応元年）閏五月より来辰四月まで、中三ケ年之間、元賃銭え五割増」とある。ここでいう元賃銭というのは、慶応元年が文政十一年の五割増となっていることからすると、文政十一年の賃銭額を指すとみられる。幕末の諸物価高騰を受けて渡船賃銭もあげられる。

なお、文政十一年と安政二年の高札には「奉公人之外定之通賃銭出すべし、古来より定置候間、職人・町人共之荷物ハいふに不及、武士荷たりといふとも、商人請負ニ而相通り候分は、如定賃銭出すへき事」とある。奉公人というのはここでは武士を指し、武士は無料であるが、それ以外は賃銭を出し、また職人・町人の荷物は勿論、武士の荷物でも商人請負で運ぶ者は定めの賃銭を出すことを明記している。

◉——安政二年の渡船請負

安政二年七月二十六日の大風雨、さらに二十九日の大雨により矢作橋は破損、往来通行が止まった。これ以降、明治四年の仮橋、明治十

年の本橋架設まで、矢作橋の普請工事は行われず、橋がない状態であった。

安政二年の場合、岡崎領主の御馳走船渡船のあと、十一月晦日より遠州中泉代官監督下の渡船となった。「矢作御橋記録」によると、請負人は地元矢作村二〇人、八町村五人、遠州天龍川出張役人（池田村）四人、藤川宿出張役人三人で、それぞれ矢作村四分、八町村二分、遠州天竜川出張役人三分、藤川宿出張役人一分と歩合持ちによる請負であった。この歩合の割合は最初の規定では、矢作村と八町村で五分、池田村三分、藤川宿一分、岡崎宿一分であったが、岡崎宿一分の替りに同宿に一〇両を矢作村と八町村が遣わすことで両村の歩合が六分となった。

矢作村と八町村の両村役人と遠州池田村渡船方の三者が安政二年十一月二十八日に出した請書（岡崎市美術博物館所蔵矢作川渡船記録）によると、馬船二艘、歩行船四艘、小船二艘、都合八艘を請負人の費用で調達し、船頭は矢作川と天龍川筋の者一六人を召し抱えて渡船を行うとしている。船賃は岡崎宿・池鯉鮒宿への助郷馬、矢作村・八町村百姓の往来、両村商人への入荷物、岡崎領主への年貢米などは無賃で渡すとしている。また、往来通行が混雑する時、大規模な通行の場合、定渡船の八艘で不足する時は矢作川筋の川船所持の村から寄船を差し出せ、その時の雇銭は請負人との相対で決めて請負人から出すことを明記している。

◉――城下町からの願書

渡船で往来中の安政五年（一八五五）三月と同年五月に岡崎一九か町・町年寄から藩に渡船と矢作橋修復に関する願書が出されている（『岡崎市史』第八巻）。

安政五年三月の願書では、橋がないために渡船での人馬往来は不便であること、城下から川西に商いで出かける者は船の乗り合いを待つことに無益の時を費やすこと、また船賃がかかるために、川西からの青物類そのほかの品が城下に入らず払底して物価が上昇、不景気になったことが記される。このために、吉田川の例に倣って矢作川渡船を岡崎藩主支配とすることを要望している。吉田橋も矢作橋も同じ公儀普請であるが、普請中の渡船について吉田川では吉田藩主支配で渡船が行われたが、矢作川では幕府の赤坂陣屋支配であった。吉田川渡船では、領民の渡船賃は一般の半額であった。願書は、赤坂陣屋支配から岡崎領藩主支配となることで渡船通行が容易になり、岡崎城下に物資が入りやすくなることを意図したものであった。

また、安政五年五月の願書は、同二年七月の橋流失以降、修復もないまま四年となる矢作橋の修復を懇願するものであった。川西との往返には渡船では不便で雨天の時は川支えとなり用を足すこともできないこと、渡船では川西から城下に買い物に来る者が少ないことが理由であった。

両方の願書からいえることは、矢作橋が岡崎城下町の生活を支える存在であるという点である。矢作橋は東海道を旅する人だけでなく、岡崎の町民にとっても日常生活に欠かせない橋であった。

岡崎城下からの二つの願書のうち、前者の渡船支配については文久二年四月に実現の運びとなるものの、後者の修復については実現されないまま明治に至る。矢作橋の修復については、文久元年（一八六一）七月に城下の商人一〇人が藩の勝手元締に橋普請を、さらに同年十一月には岡崎宿惣代四人、岡崎領分惣代一二人、問屋六人、町年寄三人、同格一人、岡崎領分大庄屋五人、大庄屋代二人が連署して幕府道中奉行所に普請取り掛かりを願う願書を出している（『岡崎市史』第八巻429頁）。矢作橋架橋は岡崎の町民のみならず岡崎藩領民の宿願でもあった。

◉——岡崎藩の渡船支配

安政二年（一八五五）十二月から幕府代官所である赤坂役所の監督下に矢作村・八町村・池田村の者による請負渡船が行われたが、文久二年四月、渡船は幕府代官の赤坂陣屋の手を離れて岡崎藩の取り扱いとなる。岡崎藩領の者は定賃銭の半分を以て渡すことになり、他領のものと判別するために切手を与えることにした（『岡崎市史』第八巻）。岡崎領民の渡船が運賃で優遇されるようになる。文久二年（一八六二）四月の藩の触れに次のようにある。

矢作川渡船の儀、是まで赤坂御役所御取り扱いの処、近々御手限り渡船に相成候間、御領分の者は御定船賃の半方受け取るべき旨、渡船方へ申し渡し候、右につき御他領の者と相混じらざるため、別紙雛形通りの切手を船番所に差し出し越し立て致すべく候（読み下し）

「矢作川渡船記録」によると、岡崎藩では、四月二十三日に牧与七郎・緒方七郎・都筑弥左衛門の三人が村中に触れ出すことを指示し、同日に奉行所名で六手永大庄屋に伝達している。渡船方取扱いの幕府から岡崎藩への移行は、同書によると四月二十五日に赤坂陣屋手代元締中西仙次郎・手代木沢鉄吉が岡崎宿に入り込み、伝馬町旅籠屋で岡崎藩役人への渡船方の引渡し業務が行われた。なお、領分の者の渡船賃銭を半額にするという判断は吉田橋普請中の渡船方の例にならったものであった。

この渡船方支配の移行時には、請負をめぐっての新たな動きがあった。遠州池田村の排除と岡崎宿の請負への参入である。池田村はこれまでは矢作村・八町村とともに渡船業務を請け負ってきたが、これを契機に池田村を除こうとする動きが地元から出た。これに対し池田村は従来どおりの参入を主張し争いとなった。また、岡崎宿からは町年寄・問屋より藩に渡船方参入の意向が出された。これに対し矢作・八町の渡船方は、宿役人では渡船について不案内であると主張して争いとなっている。結果は、池田村二分、東矢作村二分、西矢作村二分、八町村二分、岡崎宿二分、の請負歩合が一旦決められるものの、従来三分だった池田村の渡船方が承服しなかったために、宿と村の歩合のうちから五厘を池田村に渡し、池田村を二分五厘とすることで決着となったようである。

文久二年四月付けの岡崎宿・八町村・西矢作村・東矢作村・池田村の者が連署して藩に出した請書一札（矢作川渡船記録）からは、船の数は往来船四艘、御状箱船四艘、大船二艘、御馳走黒塗船一艘、土場拵え、会所二か所、船人小屋二か所、川役人一〇人、同夜番四人、船人二一〇人、同夜番一二人のことなど渡船方の体制がわかる。

◉——西大平藩歩兵の渡船

「矢作川渡船記録」によると、元治元年（一八六四）十月、西大平藩が取り立てた歩兵が矢作川を渡った時に川役人（矢作村と八町村の者が勤める）が渡船賃を徴収したために同藩から異議の申し立てがあり問題となった。西大平藩の異議は幕府の渡船規定で武士は無賃であるという理由からである。

幕末期の西大平藩は、額田郡西大平村に陣屋を置き、額田郡・宝飯郡・加茂郡・碧海郡で約九三〇〇石余を領知し、五〇人の歩兵のうち半分を加茂郡・碧海郡内の領地である村の農民から取り立てたようである。矢作川役人の五人が幕府代官衆に差し出した書付によると、西大平藩が加茂郡領内の歩兵、乙尾《おとお》村一人、打越《うちこし》村一人、宮口村一人、黒笹村一人、新屋切二人、三好村一〇人、井ケ谷《いがや》村四人、明知《みょうち》村五人の合計二五人を西大平陣屋に呼び寄せたときに矢作川役人は渡船賃銭を徴収した。理由は歩兵の姿が百姓の風体だったためという。その後の歩兵通行についても、背中に藩主大岡家の印を染め込んだ服装で刀を差していたが、同様に渡船賃銭を取った。すると、西大平藩の役人が川会所に対して、無賃にて通すべきだと主張。矢作川の渡船役人は、砲術稽古をしているとはいうものの日常は農業をしている者なので賃銭をとるのは当たり前、と主張して争いになった。

西大平藩陣屋役人の吉野平吾から岡崎藩に、加茂郡で取り立てた歩兵は月々砲術稽古に西大平の陣屋に呼び寄せる者で、矢作川通行のたびに渡船賃を取られては手間がかかり差し支えとなるので無賃とするように依頼があった。岡崎藩では公儀の高札に記された無賃の規定もあり、藩では判断が出来兼ねるとし、また、藩主大岡越前守が召し連れて通行する場合は問題ないと返答している。

最終的には公儀に判断を仰ぐということになったが、結末は記されていないので不明である。本件は武士身分の規範があいまいなものとなるなかで起きた渡船をめぐる幕末期の出来事であった。

◉——将軍家茂の渡船

安政二年（一八五五）七月の大雨で流木が橋にかかり矢作橋を押し流した。この矢作橋破損以降、明治四年の仮橋、同十年の本橋架設まで橋はなかった。橋のない時の往来は渡船によったが、大通行となった文久三年と慶応元年の将軍家茂上洛時には多くの川船が渡船のために駆り出された。

矢作川下流中畑村の船頭であった中村安兵衛の日記である『大宝年代記覚』によると、文久三年（一八六三）二月二十七日の時には川船四〇艘、慶応元年（一八六五）閏五月九日から十日までの時には中畑《なかばた》村（西尾市）の川船六〇艘が動員され、家茂一行幕府軍の渡船業務に当った。慶応元年の時の同書の記述をみてみよう。

閏五月九日、東照君様（将軍家茂）西国御進発付矢作川御通行附、五月廿四日より船取立相成、中畑船数六拾艘、三人乗に致、船板引造候て、閏五月朔日同五日岡崎着致、同月九日夜五ツ時より十日九ツ時迄船数百五拾艘越致、村之御役人船出候て越立差図致候、誠々御同勢御長持御挟箱御馬数は役人足数たとへにも数およぶべき次第也、川船はあと追々御通行御座候と敷船三十艘、あと十日間船敷れ候て、誠に船のもの迷ハく（惑）の次第に御座候（原文のまま）

記述によると、将軍家茂一行幕府軍が船で矢作川を渡るための準備が五月二十四日から行われ、中畑村の船六〇艘が三人乗りで船板を拵えたという。矢作川流域で多くの川船を擁するのが中畑村や田貫村、平坂村などの下流域の村々であり、なかでも中畑村には多くの船があり船頭たちが住んでいた。「閏五月夜五つ時より翌日十日九ツ時まで一五〇艘越致す」、というのは、越し立てた船数、渡船回数をいうのであろう。集められた川船は将軍一行の通行のあとも十日間、三〇艘が後続通行のために川に敷き置かれたという。この間、川船の船頭たちは川稼ぎができなかったために、「誠に船のもの迷惑の次第に御座候」と不満の気持ちが記されている。

慶応元年の時、将軍家茂が矢作川を渡ったのは『続徳川実紀』によると閏五月十日である。同書に家茂は当日岡崎城を駕籠で発ち、宿外れから歩行にて川端にゆき、そこから船に乗り矢作川を越したとある。「矢作川渡船記録」によると、慶応元年の家茂の矢作川渡船で掛かった費用は、矢作村と八町村が幕府に届け出た書上げでは、船雇賃・人足賃と波止場拵え入用含めて合計で七八七貫五五文四分とある。多額な費用が掛かったため、矢作村と八町村の渡船係では家茂の還御を想定して岡崎藩から金一〇〇両を同年十一月に拝借している。また、慶応二年四月に渡船場の人足を余荷助郷《よないすけごう》により出してもらえるよう道中奉行宛の願書を藩の江戸留守居に提出しているが、これは認められていない。

◉――明治天皇の東行

明治元年（一八六八）、天皇が矢作川通行した時は船橋が架設されたことは『大宝年代記覚』からうかがえる。同書によると、八月の大水により九月下旬の天皇の通行は「川船橋に相成」とある。船橋は川に船を敷き詰め、その上に板を乗せて橋を急造するものである。将軍や朝鮮通信使が渡河する際に架設された木曽川の起《おこし》渡船場での船橋はよく知られている。矢作川では船橋架設が確認できるのはこの明治天皇東行の時のみである。集められた船の数など詳しいことを『大宝年代記覚』は記さないのでわからないが、『岡崎市史』第八巻によると、川船を川上に向けて並べ、その上に板を敷き、さらにその上に砂を載せ、手摺として青竹を横に打ったという。

【表7】矢作神社などへの寄進物

工事内容	年代	寄進先	寄進内容
2度目掛替	延宝2	牛頭天王宮	本社造替
修復	元禄8	牛頭天王宮	鳥居6本
3度目掛替	正徳5	牛頭天王宮	中鳥居
修復	享保10	牛頭天王宮	材木5本
修復	寛保3	牛頭天王宮	金200疋
4度目掛替	延享3	牛頭天王宮	鳥居
		諏訪神社	玉垣
5度目掛替	宝暦12・13	牛頭天王宮	金300疋
		牛頭天王宮	銀5枚・金300疋
		牛頭天王宮	御定杭、金2両、銀9枚
		牛頭天王宮	橋材にて本社造替
修復	明和8	牛頭天王宮	塀造替、残木、石灯籠（油代共）
修復	安永4	牛頭天王宮	玉垣
6度目掛替	天明元	牛頭天王宮	拝殿造営、金5両、絵図板・定杭・材木
7度目掛替	寛政11	牛頭天王宮	金300疋、手斫立木台木4本、水守木絵図板65枚、石灯籠油代共
		柱口大明神	石鳥居
修復	文化2	牛頭天王宮	石灯籠・劒1振
		柱口大明神	正月細工始之額・石手鉢

「矢作御橋記録」より作成

六　矢作橋の信仰・伝説・文芸

◉――牛頭天王と矢作橋

矢作橋が完成すると、橋普請関係者は矢作村内の牛頭天王宮や柱口大明神、八町村の諏訪神社に、鳥居、玉垣、絵馬、石灯籠などを寄進している。「矢作御橋記録」から神社への寄進を拾ってみると表7のようになる。

牛頭天王宮への寄進が中心である。牛頭天王宮というのは現在の矢作神社である。矢作町字宝珠庵にある。日本武尊東征の折、矢作に至り軍神として素戔嗚尊を祀り、矢を矧いだところから社号を矢作神社と称え、近世には牛頭天王と云った。牛頭天王宮への寄進は金銭のほか、本社造替、鳥居、玉垣の寄進があげられる。本社造替は、矢作橋の二度目と五度目の掛替時に、拝殿造営は六度目掛替時、鳥居建立は元禄八年（一六九五）の修復時と三度目・四度目の掛替時、玉垣建立は安永四年（一七七五）の修復時に、それぞれ行われている。五度目の掛替時の本社造替が橋材の赤松・栂にて行われたように、これらの造作は橋材を利用して行われたようである。

【写真10】石丸定六郎奉納石灯籠

牛頭天王宮が工事関係者に篤く信仰されたのは、工事の成就祈願に関わる神社であったためとみられる。橋杭の震《ゆり》込《こ》みは大変な作業で思うように入らない場合もあった。たとえば、延享二年（一七四五）から三年にかけての掛替工事では西より十一組目の中杭がなかなか入らなかった。そのために奉行細井飛騨守より、十一組の中の杭の上に神棚、唐瓶子・御幣を飾ることを矢作村・八町村に命じ、牛頭天王宮の神主が祈願したところ、工事の会所へ鳩一羽が入るとともに杭がすんなり入ったという。細井飛騨守は牛頭天王宮の神力であると喜んだ。

牛頭天王宮への工事関係者による寄進の建造物は現在ほとんどが失われているが、明和八年（一七七一）の修復時に町棟梁であった石丸定六郎が寄進した石灯籠が一対残る（写真10）。堤防から矢作神社へ入口参道の両側にあり、一つの石灯籠に「奉納牛頭天王御宝前、明和八辛卯歳七月吉日、東都石丸定六郎［　］謹拝」と刻まれている。「矢作御橋記録」に「石丸氏より石灯爐（籠）御寄進、金壱歩油代寄附」とあり、これに該当するものとみられる。

柱口大明神というのは、『矢作町誌』（大正版）によると、矢作町字宝珠庵の八幡社に明治元年、同町字加護畑にあった柱口大明神を境内神社とし、大正五年（一九一六）八月八幡社に合祀するとあるので、現在は橋近くの八幡社に一緒に祀られている神社である。八幡社には矢作橋の橋杭頭柱と先端部の二片が祀られている。『矢作町誌』によると、八幡社の祭神応神天皇に配祀されるのは柱口大明神の天御柱命と地御柱命とあるので、橋杭の二片は柱口大明神の御神体であろう（写真3参照）。「三河みやけ」によると、橋近くに柱杭大明神があり、矢作橋の東より二側目の

【表 8】矢作神社奉納の絵馬

	絵馬図内容	奉納年月	奉納者銘	絵師	橋工事との関係
1	矢作橋杭打祭礼図	延宝 2 年	三州碧海郡矢作明神		2 回目掛替
2	桜花野馬図	正徳 5 年 3 月		石原安種	3 回目掛替
3	矢作橋設計図	延享 3 年 3 月	大工江戸京橋加藤喜右衛門		4 回目掛替
4	繋馬図絵馬	延享 3 年	従五位下細井飛騨守藤原安定		4 回目掛替
5	義経弓流図	宝暦 12 年 4 月	遠州池田渡船方ほか三河の船頭方	内田宗胤	5 回目掛替
6	騎馬武者図	宝暦 12 年 4 月	尾州名古屋中橋裏・木村長左衛門ほか	内田宗胤	5 回目掛替
7	白馬仕丁図	天明元年 6 月			6 回目掛替
8	武者図	寛政 3 年	願主三井庄三郎、鈴木孫三郎、野邑彦次郎	柳寧吉	
9	黒馬仕丁図	文化 3 年 5 月	願主野村氏		
10	六歌仙図	文化 4 年 7 月		東都朧月園青谷	
11	鍛冶職人図	文化 14 年 9 月	矢作橋御普請御鍛冶師		8 回目掛替
12	馬図	文久元年 9 月	當所住林藤三郎		
13	七福神図		願主當所紫雲堂山本氏		
14	恋飛脚大和往来図	明治 16 年		杉浦安五郎	

岡崎市美術博物館企画展『再発見！岡崎の文化財』2001 年より作成

中杭を古来より神君柱と言い伝え、この抜きたる柱を祭ってあるとある。たぶん、柱口大明神に祀られる杭のことであろう。

◉──矢作神社の絵馬

矢作神社には、橋工事などを記念して奉納された絵馬が多く残されている。矢作神社所蔵の絵馬を一覧にしてまとめた（表8）。これらは「矢作御橋記録」には記されないが、当時の風俗・慣習をビジュアルに知ることができる貴重な資料である。奉納者には、造営奉行の細井飛騨守安定や、江戸京橋大工加藤喜右衛門、橋工事期間中渡船を担当した船頭たち、普請工事に従事した鍛冶職人によるものなどがある。工事関係者の矢作神社への篤い信仰をみることができる。

矢作神社に延宝二年（一六七四）の橋の掛替を祝して奉納された絵馬は、矢作橋の杭震込みを題材にとった祭礼を描いている（写真11）。薄くなって絵の内容がはっきりしないが、「奉掛御宝」、「延宝二甲寅、三州碧海郡矢作明神」と額面に記され、橋の上で一本の杭を中心にして

【写真11】杭震込祭礼絵馬

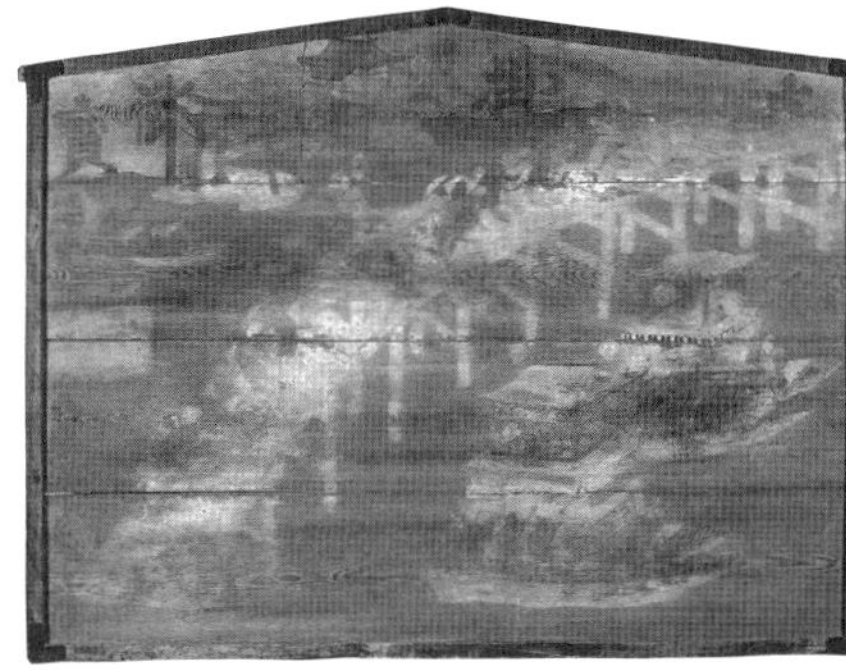

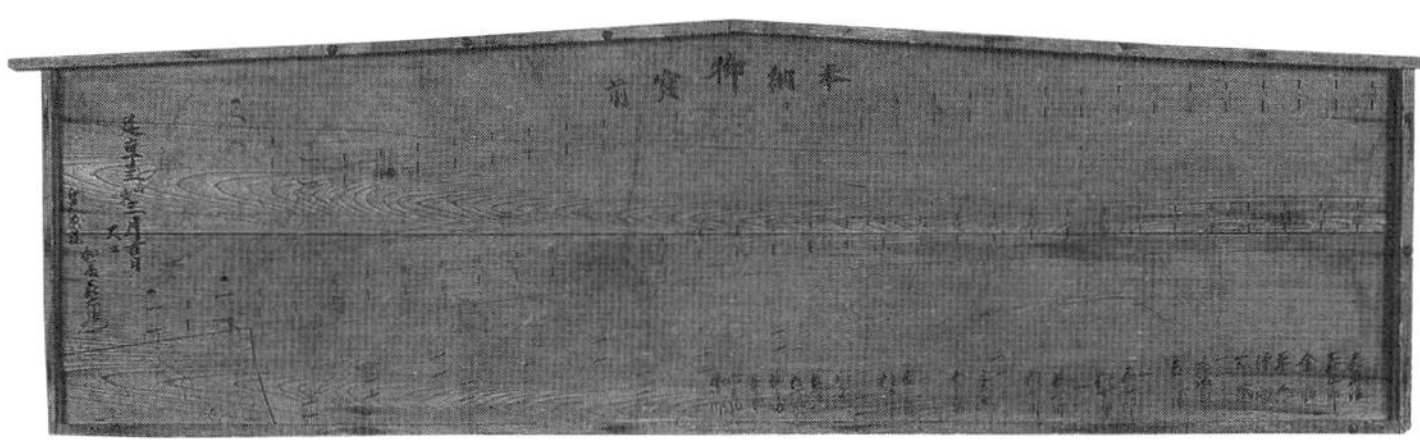

【写真12】矢作橋設計図絵馬

多くの人が左右に分かれて、綱を引っ張りながら杭を震込むところを描いている。橋には山車船二艘、遠景には矢作神社も描かれる。この絵馬は縦一三七・三cm、横一八六・三cmの大きさで、矢作神社絵馬のなかでも最大のものである。

矢作橋四度目の掛替工事に従事した大工たちが矢作神社に奉納したものに矢作橋設計図の絵馬がある(写真12)。「奉納御宝前、延享三丙寅三月吉日、大工江戸京橋喜右衛門」と記され、画面一杯に新架橋の設計図を記した額である。大きさは縦四九・五cm、横一七六・八cmある。同図の下部には喜平治・喜三郎・金助・平六など二三人の名前が記されているが、江戸から来た大工職人であろう。矢作橋工事で江戸などから当地に赴く職人がいたことは、文化十四年(一八一七)の八度目の掛替の時の例になるが、江戸の鍛冶職人が矢作神社に奉納した絵馬からもうかがえる。二人の鍛冶職人が金属板を鍛錬する図には、「文化十四丁丑秋九月、矢作橋御普請鍛冶師、江戸神田鍛冶町壱丁目、岡崎屋吉兵衛敬白、肝煎・藤兵衛・忠兵衛・平助・藤吉、職人・平六・八蔵・猪之介・平蔵・

【表9】矢作橋を描いた浮世絵

	名称	作者	大きさ	年代
1	東海道五拾三次之内岡崎（保永堂版）	歌川広重	横大判	天保4～5年
2	東海道五拾三次　岡崎　矢はぎのはし（狂歌入東海道）	歌川広重	横中判	天保後期
3	東海道五十三次之内岡崎　矢はぎのはし（行書版）	歌川広重	横間判	天保後期
4	東海道卅九　五拾三次之内岡崎	歌川広重	四ツ切判	天保14年～弘化4年
5	東海道卅九　五十三次岡崎（隷書版）	歌川広重	横大判	弘化4年～嘉永5年
6	東海道丗八　五十三次之内岡崎	歌川広重	横中判	弘化4年～嘉永5年
7	五十三次名所図会　丗九　岡崎　矢はき川　やはきのはし	歌川広重	竪大判	安政2年
8	東海道五拾三駅　岡崎　矢はき川	二代広重（喜斎立祥）	竪中判	慶応元年頃
9	東海道　岡さき	二代広重（喜斎立祥）	竪中判	慶応3年12月
10	東海名所改正道中記　四十二　矢はやぎ川　岡崎	三代広重	竪大判	
11	岡崎　画狂人北斎画　池鯉鮒へ三り卅丁	葛飾北斎	倍横小判	享和元年～文化3年
12	東海道五十三次　三十九　岡崎	葛飾北斎	竪中判	
13	諸国名橋奇覧　東海道岡崎　矢はぎのはし	葛飾北斎	横大判	天保5年
14	三州岡崎矢矧大橋勝景	五雲亭貞秀	竪大判三枚続き	文久2年3月
15	末廣五十三次　三十九　岡崎	二代国輝	竪大判	慶応元年5月
16	岡崎	為信	横大判	
17	東海道　岡崎	河鍋暁斎	竪大判	文久3年4月

三河武士のやかた家康館『浮世絵にみる岡崎』より作成

兵吉、名古屋・與右衛門・原蔵・太兵衛」とある。幕府役人のみを記す「矢作御橋記録」からは知ることのできない職人たちの存在がわかる。

◉——浮世絵と矢作橋

　矢作橋を描いた浮世絵を一覧にした（表9）。歌川広重の保永堂版《ほえいどうばん》の東海道五十三次之内岡崎に代表されるように、矢作橋は岡崎宿を象徴するものとして多くの浮世絵に登場する（三河武士のやかた家康館『浮世絵にみる岡崎』）。表は橋を中心に据えた構図の風景画に限定したが、美人画を中心に背景に矢作橋を描く浮世絵もあり、それらを含めるとその数はもっと多くなる。主なものを特記しておこう。

　まずは初代歌川広重の保永堂版の作品である。東海道宿場を描いたシリーズのなかのなかでも保永堂版の作品（№1）は広重の出世作であり代表作である（表紙写真）。橋の上の大名

【写真13】歌川広重
東海道五十三次岡崎
（狂歌入東海道）

【写真14】葛飾北斎　岡崎

行列を描き、背景には岡崎城を描く。天保四～五年（一八三三～四）の作品である。広重の作品には、このように橋を鳥瞰する構図のほかに、橋を見上げるもの、橋の上の往来に焦点をあわせたものなどがある。橋を見上げるものでは、狂歌入東海道と呼ばれるシリーズの作品（№２）がある（写真13）。画面の上部に「宿毎に夕化粧して客をまつこ、ろもせはしぢょ〳〵のぢょん女郎」と岡崎女郎衆《じょろうしゅう》を詠んだ狂歌が入り、下部には橋の下を通行する川船・筏を描く。また、竪絵《たてえ》と呼ばれる縦長画面で描いた五十三次名所図会（№７）も橋を見上げる構図で橋の下の川で馬を洗う人物を入れるなど大胆な構図となっている。橋の上の往来人物を中心にしたものでは、行書《ぎょうしょ》東海道（№３）・隷書《れいしょ》東海道（№５）の作品がある。いずれもタイトル文字の書体にちなんで付けられた東海道シリーズで、橋上で馬に乗る人物などを描く。広重には初代から三代までの作品があるが、三代広重の描いた東海

【写真 15】河鍋暁斎が描く幕府軍の矢作渡船
文久３年４月

名所改正道中記（No.10）では人力車、電柱も描かれ文明開化期の矢作橋の雰囲気を描く。

岡崎宿を表現する浮世絵に矢作橋を構図に入れた最初の絵師は葛飾北斎であろう。雪景色の矢作橋を描く図（No.11）は享和元年（一八〇一）から文化三年（一八〇六）頃とみられるもので、歌川広重の作品に先行する（写真14）。北斎の雪景色の作品のなかには、「三陽擣衣連」の文字を端に摺り込んだものがある。三河の狂歌サークルである三河擣衣連《とういれん》による発注品である。三河擣衣連とは新堀村《にいぼり》（岡崎市）の木綿商であった浅倉庵三笑《あさくらあんさんしょう》を中心メンバーとする狂歌グループで、江戸の狂歌師であった浅草庵市人《あさくさあんいちんど》と交流しながら北斎に浮世絵作品を注文している。その作品のなかには擣衣連メンバーの狂歌を背景に摺り込んだものもある。

また、北斎には全国の珍しい十一か所の橋を取り上げて描いた「諸国名橋奇覧」シリーズがあり、そのうちの一つが矢作橋である（No.13）。矢作橋が選ばれたのは橋の長さが東海道随一という壮大な橋であったからである。描かれる橋は長さよりも反りが誇張表現され、弓なりのようになっている。画面のなかに小さく弓を引く様子を描くのは、日本武尊東征の折に矢作の地で矢を作ったという伝説に基づくものであろう。弓なりの姿に伝説を籠めたかもしれない。

幕末期になるが、五雲亭貞秀《ごうんていさだひで》の三州岡崎矢矧大橋勝景（No.14）は文久二年（一八六二）三月の作品で、将軍家茂の第一回目上洛の行列を描く。また、二代国輝《くにてる》の末廣《すえひろ》五十三次の矢作橋図（No.15）も家茂第二回目上洛に因んで描かれた作品で慶応元年（一八六五）五月の作品である。ともに家茂上洛時に矢作橋は破損して通行不能であったにもかかわらず橋を通行する様子が描かれ、現状を踏まえていない。想像で描かれた図である。それに対して河鍋暁斎《かわなべぎょうさい》の描く文久三年四月の渡船図（№17）は橋が破損しているなか船渡しが行われているところを描き、実状を踏まえているといえよう（写真15）。

◉――蜂須賀小六と日吉丸の出会い

蜂須賀小六《はちすかころく》と日吉丸《ひよしまる》（のちの秀吉）が矢作橋の上で出会ったという伝説があり、浮世絵にも描かれる。この伝説は架空の物語で事実ではない。

小和田哲男『豊臣秀吉』（中公新書、昭和六十年）によると、蜂須賀小六と秀吉との、矢作橋の上での出会いの話は、寛永二年（一六二五）完成の小瀬甫庵《おぜほあん》『太閤記』にも見えず、はじめて見えるのは寛政九年（一七九七）から刊行を開始した、武内確斎《たけうちかくさい》筆、岡田玉山《おかだぎょくざん》画の『絵本太閤記』であるという。つまり、矢作川の橋の上での秀吉との出会いは武内確斎の創作物語りであったことになる。

『絵本太閤記』が記す二人の出会いの部分を要約しておこう。

尾州海東郡の住人蜂須賀小六正勝は、近国の野武士をかたらい東国街道を徘徊、落武者の武具を剥ぎ取り、また人家に押し入り財宝を奪っていた。ある夜、小六は手下を数多引き連れて岡崎橋（矢作橋）を渡るに、橋の上で寝ていた日吉丸の頭を蹴って行き過ぎた。日吉丸は目をさまし、大いに怒って「汝は何もので無礼をなすのや、我幼しといえども汝がために恥ずかしめを蒙る謂れなし、我前で礼をなして通るべし」と云った。小六驚いて立ち寄ってみれば十二・三歳の小児であったが、不慮の無礼を誤り謝して「さて、汝は何国の者の子なるぞや。幼い身でありながら不敵の一言感ずるに余りあり。我に従い奉公せば、厚く恵みて召し使うべし」と尋ねたところ、日吉丸は仕えることを承諾したので小六は喜んだという。（大正十五年有朋文庫『絵本太閤記』上）

この話は野盗であった蜂須賀小六が聡明な若い秀吉と矢作橋の上で出会うというものである。その設定された出会いの時期はあきらかでないが、仮に秀吉が家を出て放浪に出る天文二十年（一五五一）頃（秀吉当時十五歳）としても、当時の矢作川に橋はなかった。室町時代後期、矢作川に橋はなく、土橋が架けられるのが慶長五（一六〇〇）、六年頃である。橋が存在しない点からも二人の出会いは作り話であることが明確である。近世において街道随一の橋であることが二人の出会う相応しい場所として設定されたのであろう。

なお、二人の出会いを描いた浮世絵に、月岡芳年《つきおかよしとし》「美談武者八景　矢矧の落雁」（明治元年（一八六八））、山崎年信《やまざきとしのぶ》「太閤実紀雪月花之内矢矧之月」（明治十二年（一八七九））がある（三河武士のやかた家康館『浮世絵にみる岡崎』）。いずれも明治の作品である。月岡芳年の作品は橋上での場面であるが、山崎年信の作品は矢作川の河原で橋脚にもたれて眠っている日吉丸を描いている。また、歌川芳艶《うたがわよしつや》の文久元年（一八六一）作の「矢抔橋夜半落雁」は日吉丸・小六に替えて牛若丸・伊勢三郎義盛を、元治元年（一八六四）作「瓢軍談五十四場第一」では猿之助・梶塚与六をそれぞれ登場させて矢作橋上での出会いを描いている。旧幕時代の二つの作品が日吉丸・小六を別人に仮託して描いているのは出版統制のためである。家康、徳川氏、さらには秀吉を題材とする出版物は禁じられており、『絵本太閤記』も出版後に絶版を命じられている。

◉――矢作橋と文芸

東海道随一の矢作橋は旅行く人の目に留まり、近世の紀行文や詩文などに記されることが多い。紀行文では、安藤朴翁《ぼくおう》著『常陸帯』（元禄十一年（一六九八））、阿部泰邦著『東行話説』（宝暦十年（一七六〇））、太田南畝《なんぽ》著『改元紀行』（享和元年（一八〇一））、長久保赤水《せきすい》著『長崎紀行』（文化二年（一八〇五）刊）茅原元常著『東藩日記』（文化十二年（一八一五）刊、寛政六（一七九四）年の旅）、藤井高尚著『神の御蔭の日記』（天保二年（一八三一）刊、寛政十一年（一七九九）の旅）、香川景樹著『中空日記』（天保六年（一八三五）刊、文政元（一八一八）年の旅）などが矢作橋を取り上げ、橋の長さを特記している（『三河文献集成』近世編上）。紀行文の多くが長さを二〇八間と記しているのは、旅の案内書である、『東海道名所記』（万治年間（一六五八～六一）刊）、『道中鑑』（延宝三（一六七五）年）、『一目玉鉾《ひとめたまぼこ》』（元禄二年（一六八九）刊）、『東海道名所図会』（寛政九年（一七九七）刊）、『諸国道中袖鏡』（天保十年（一八三九）板）などが橋の長さを二〇八間、街道一と矢作橋を紹介している影響である。延宝年間の掛替で一五六間になっても近世初期の橋の長さである二〇八間がそのまま生き続けるのである。

矢作橋近くの矢作町誓願寺十王堂に芭蕉句碑「古池や蛙飛び込む水の音」がある。宝暦十二年（一七六二）十月建てられたものであるが、句碑記念集『蛙啼集』によると建立者は地元矢作の俳人である竹布・焦尾・朱菪・百柳・麦甫である。彼らは「矢作橋守園連中」という俳諧結社を結成しており、宝暦四年刊行の『春興朗詠集』に「三河八景」を詠んでいる。三河八景というのは「鳳来寺朧月」「大樹寺晩鐘」「平坂帰帆」「滝山晴嵐」「矢作橋夕照」「八橋雨」「猿投山残雪」「片浜蛙帰雁」で、矢作橋の光景が選ばれている。麦甫は「矢作橋夕照」と題して「暮るゝ日の一際をそし矢作橋」の句を残している。

また、橋守園連中の一人竹布（千久婦）は発句書留である「日発句」（安永六（一七七七）〜七年）を残しているが、そのなかに「月にうかれ行つ戻りつ橋のうへ」の句がある。橋は月見に格好の場所であった。明和八年（一七七一）、女流俳人の諸九尼《しょきゅうに》が矢作橋を渡っているが「暮かかる程に矢矧の橋をわたる。なかば行きて見れば、いづこをかぎりともなく、ひろびろとのどけき川づらに月のくまなくさし出たる景色あかず覚ゆ」と『秋風記』に記している。岡崎の俳人鶴田卓池《つるたたくち》が最初に編集した『橋日記』（寛政十年九月刊）の名称は矢作橋に由来するものである。矢作橋畔で九月十三日夜の月見を行った時の句などをまとめているが、師友であった加藤暁台《きょうたい》と鶴田桃《とう》生《せい》を偲んで二人の句を巻頭に置いている。このうち、桃生の句は「天地の中に橋ありけふの月」である。

【写真16】明治10年1月竣工の矢作橋

七　近代・現代の矢作橋

◉——近代から現代の橋へ

『岡崎市史』第八巻によると、明治四年（一八七一）に至り仮橋が架けられたといい、当時の記録に、「同（明治四年）三月廿日矢作橋假橋出来、今日渡始之由、右は市中より願出、出来由」とあるという。岡崎の町からの要望で仮橋が架けられたようである。

明治十年一月、新しい橋が架けられた。長さ一五〇間（約二八〇m）、幅三間（約六m）である。『矢作町誌』によると、国庫架設工費一万四百円とある。この明治十年架橋の橋を撮影した写真絵葉書が残されている（写真16）。写真によると、親柱に「明治十年一月」とあり、街路灯も設けられ、明治らしい矢作橋の姿をみることができる。

明治二十三年八月に橋が架け替えられている。矢作神社の境内に石の親柱が残されており、「明治廿三年八月」と彫られている。この橋は明治四十年六月に修繕が行われている。先の親柱の裏面に「明治四十年六月桁上修繕」とある。

大正二年（一九一三）、これまでの橋より約九六m上流のところに新しい鉄橋が架けられた（『岡崎市史』四）。大正元年着工、同二年九月に竣工している。矢作神社近くの堤防上に「大正二年九月竣工」と彫られた石の親柱が残されている。この橋は鉄製の橋で、三角に骨組みを組んだトラス構造の橋である。プラットト

【写真17】大正2年竣工
矢作橋の工事

ラスと呼ばれる部類に入る橋で、長さは百五十間五尺、幅は三間半であった。『矢作町誌』によると、総工費は七万三千八百余円で、県費で支弁したとある。矢作橋は、この大正二年架設の橋で鉄橋となった。橋工事の様子を撮影した写真がある（写真17）。下流に以前の木橋がみられる。大正二年十月二日には渡り初め式が行われ、これを記念して作られた絵葉書もある。

この鉄橋は昭和二十年（一九四五）の三河地震で八帖側が落ちるなどの被害を受け、昭和二十六年に鉄筋コンクリートの新しい橋に架け替えられる。この開通した橋は昭和三十四年に車道及び歩道が拡幅されている。また、交通量が増加したことにより再度拡幅が昭和四十六年に行われている。矢作橋は国道一号線の橋として八帖町と矢作町間に、全長二七六・八mとして架けられ、当初の幅員は九m、上下二車線であったが、先述の二度の拡幅工事を経て幅員一八m、上下四車線、両側歩道付きとなった（『新編岡崎市史』二〇総集編）。

さらにその後の掛替工事により、車道・歩道の幅が広げられ、平成二十二年（二〇一〇）十一月に下り車線が、翌二十三年三月に上り車線が完成し、片道二車線で一車線の幅が三・二五mから三・五〇mに、歩道は一・七五mから三・〇mになった。これが現在の橋である。この橋では単径間桁から連続桁となったほか、落橋防止装置や免震装置が設置され、耐震性が大きく向上している。大規模な震災発生時での緊急輸送道路のネットワーク上における役割も担うことになるだろう。

おわりに

本書は、筆者が岡崎市美術博物館の学芸員として展示・調査研究する活動から生まれたものである。平成十一年の特別企画展「矢作川―川の人と歴史」以来、矢作川を通じての三河地域の流通に興味を持つなかで、矢作橋にも関心が向いた。

日本一長い橋が近世の岡崎にあった。近代以降、橋梁技術の発展により大規模な橋が架設されるようになり、日本一という矢作橋の過去の存在は忘れさられた。近世におけるその存在を広く知ってもらいたいという思いが本書執筆の発意である。

矢作橋は現在も日本の東西を結ぶ大動脈である国道一号線に架かる橋である。車の通行量が多く、交通・物流を支える機能は近世と変わりがない。幕府による公儀普請という点は、現在国交省の管轄で工事が行われ、当時の国家が責任をもって架橋するという点も変わらない。

本書では、矢作橋の架け替え工事である公儀普請の歴史をたどった。様々な地域と階層の人々が関与する工事をみることは、近世の国家（幕府）と地域、さらには現代の国と地域社会の問題を考えるうえでも参考になると思う。

最後に、本書執筆の機会を与えていただいた愛知大学綜合郷土研究所、日頃から何かと協力を頂きお世話になっている職場の皆さんに厚くお礼を申しあげます。

参考文献

愛知県史編さん委員会　『愛知県史』資料編一八　近世四　西三河　二〇〇三年
愛知県史編さん委員会　『愛知県史』通史編四　近世一　二〇一九年
愛知県史編さん委員会　『愛知県史』通史編四　近世二　二〇一九年
岡崎市美術博物館　特別企画展図録「矢作川―川と人の歴史」一九九九年
岡崎市役所　『岡崎市史』第三巻　初刊一九二七年　再刊一九七二年
岡崎市役所　『岡崎市史』第八巻　初刊一九三〇年　再刊一九七二年
小和田哲男　『豊臣秀吉』中公新書（七版）一九九五年
神谷和正　『三浦氏時代の西尾藩　家老九津見家文書』
刈谷市教育委員会『刈谷町庄屋留帳』第二巻（一九七六年）・第三巻（一九七八）・第四巻（一九七八）・第十一巻（一九八三）・第十三巻（一九八四）
児玉幸多校訂　『近世交通史料集　四　東海道宿村大概帳』吉川弘文館　一九七〇年
北島正元校訂　『丕揚録・公徳辨・藩秘録』日本史料選書七　一九七一年
近藤恒次編　『三河文献集成』近世編上　国書刊行会　一九八〇年
斎藤信・金本正之訳　シーボルト『日本』第三巻　雄松堂書店　一九七八年
佐藤又八　『三州吉田船町史稿』一九七一年
新修豊田市史編さん専門委員会　『新修豊田市史』資料編近世Ⅱ　二〇一六年
新編岡崎市史編集委員会　『新編岡崎市史』三　一九九二年
新編岡崎市史編集委員会　『新編岡崎市史』七　史料近世上　一九八三年

新編岡崎市史編集委員会『新編岡崎市史』八　史料近世下　一九八五年
新編岡崎市史編集委員会『新編岡崎市史』四　近代　一九九一年
新編岡崎市史編集委員会『新編岡崎市史』二〇　総集編　一九九三年
鈴木棠三校注　湯浅常山『定本常山紀談』下巻　新人物往来社　一九七九年
田原口保貞『奥州相馬の歴史発見』（私家版）
知立市誌編さん委員会『池鯉鮒宿御用向諸用向覚書帳』知立市誌資料三　一九七一年
豊橋市教育委員会『吉田藩江戸日記一』豊橋市史々料叢書七　二〇〇八年
名古屋市博物館編『東街便覧図略』巻一　二〇〇一年
中根家文書編集委員会『中根家文書』上　岡崎市史料叢書　二〇〇二年
西尾市教育委員会　西尾市史資料叢書一『平坂村田畑地押帳』二〇〇四年
『東海道分間延絵図』第一四巻　岡崎・知鯉鮒　東京美術　一九八二年
牧野哲也『川船船頭の見た御一新「大宝年代記覚」より』一九九三年
松村博「近世の橋脚杭の施工法」（『土木史研究』第一八号　一九九八年）
松村博『論考 江戸の橋』鹿島出版会　二〇〇七年
三河武士のやかた家康館『浮世絵にみる岡崎』一九九一年
『矢作町誌』（大正版）覆刻版　岡崎地方史研究会　一九九七年
矢作史料編纂委員会『岡崎市史　矢作史料編』岡崎市役所　一九六一年

【著者紹介】

堀江　登志実（ほりえ としみつ）

1957年　岐阜市生まれ
1981年　名古屋大学文学部史学科卒業
〃　岡崎市役所勤務
1998年　岡崎市美術博物館学芸員
2015年　岡崎市美術博物館副館長
2018年　定年退職
現　在　岡崎市美術博物館学芸員（再任用）
　　　　愛知大学綜合郷土研究所非常勤所員

主要論文

「三河の秋葉山常夜燈について」（『三河地域史研究』第９号）1991年
「三河の秋葉山常夜燈について　続」（『岡崎市史研究』第14号）1992年
「岡崎藩の寛政改革」（『岡崎市美術博物館研究紀要』第１号）2005年
「西尾藩主松平乗寛時代の財政改革」（『新編西尾市史研究』第３号）2017年
「城絵図にみる岡崎城」（戎光祥出版『岡崎城』）2017年

研究分野

日本近世史

愛知大学綜合郷土研究所ブックレット㉚

近世の矢作橋
日本一長い橋

2020年10月16日　第１刷発行
著者＝堀江 登志実©
編集＝愛知大学綜合郷土研究所
〒441-8522 豊橋市町畑町1-1 Tel. 0532-47-4160
発行＝株式会社シンプリ
〒442-0821 豊川市当古町西新井23番地の3
Tel.0533-75-6301
http://www.sinpri.co.jp
印刷＝共和印刷株式会社

ISBN978-4-908745-09-6　C0321

刊行のことば

愛知大学は、戦前上海に設立された東亜同文書院大学などをベースにして、一九四六年に「国際人の養成」と「地域文化への貢献」を建学精神にかかげて開学した。その建学精神の一方の趣旨を実践するため、一九五一年に綜合郷土研究所が設立されたのである。

以来、当研究所では歴史・地理・社会・民俗・文学・自然科学などの各分野からこの地域を研究し、同時に東海地方の資史料を収集してきた。その成果は、紀要や研究叢書として発表し、あわせて資料叢書を発行したり講演会やシンポジウムなどを開催して地域文化の発展に寄与する努力をしてきた。今回、こうした事業に加え、所員の従来の研究成果をできる限りやさしい表現で解説するブックレットを発行することにした。

二一世紀を迎えた現在、各種のマスメディアが急速に発達しつつある。しかし活字を主体とした出版物こそが、ものの本質を熟考し、またそれを社会へ訴える最適な手段であると信じている。当研究所から生まれる一冊一冊のブックレットが、読者の知的冒険心をかきたてる糧になれば幸いである。

愛知大学綜合郷土研究所